Jörg Ertelt

Grundwissen CE-Kennzeichnung

Schritt für Schritt zur CE-Kennzeichnung

PRAXISLÖSUNGEN

Jörg Ertelt

Grundwissen CE-Kennzeichnung

Schritt für Schritt zur CE-Kennzeichnung

IMPRESSUM

Bibliografische Information der Deutschen Nationalbibliothek
Die Deutsche Nationalbibliothek verzeichnet diese Publikation in der Deutschen Nationalbibliografie; detaillierte bibliografische Daten sind im Internet über http://dnb.d-nb.de abrufbar.

Wichtiger Hinweis
Die WEKA Media GmbH & Co. KG ist bemüht, ihre Produkte jeweils nach neuesten Erkenntnissen zu erstellen. Deren Richtigkeit sowie inhaltliche und technische Fehlerfreiheit werden ausdrücklich nicht zugesichert. Die WEKA Media GmbH & Co. KG gibt auch keine Zusicherung für die Anwendbarkeit bzw. Verwendbarkeit ihrer Produkte zu einem bestimmten Zweck. Die Auswahl der Ware, deren Einsatz und Nutzung fallen ausschließlich in den Verantwortungsbereich des Kunden.

WEKA Media GmbH & Co. KG
Sitz in Kissing
Registergericht Augsburg
HRA 13940

Persönlich haftende Gesellschafterin:
WEKA Media Beteiligungs-GmbH
Sitz in Kissing
Registergericht Augsburg
HRB 23695
Geschäftsführer: Jochen Hortschansky, Kurt Skupin

WEKA Media GmbH & Co. KG
Römerstraße 4, 86438 Kissing
Fon 0 82 33.23-40 00
Fax 0 82 33.23-74 00
service@weka.de
www.weka.de

Umschlag geschützt als Geschmacksmuster der
WEKA Media GmbH & Co. KG
Satz: WEKA Media GmbH & Co. KG, Römerstraße 4, 86438 Kissing
Druck: Elanders Waiblingen GmbH, Anton-Schmidt-Straße 15, 71332 Waiblingen

Printed in Germany

ISBN 978-3-8111-0499-0

Inhaltsverzeichnis

Vorwort

Liebe Leserin, lieber Leser,

Sie schmökern gerade in der fünften Auflage dieses Fachbuchs. Das zeigt uns, dass beim Thema CE-Kennzeichnung offenbar weiterhin Informationsbedarf besteht.

Was hat sich seit der letzten Ausgabe hinsichtlich der CE-Kennzeichnung getan?

- **Neue Maschinenverordnung auf dem Markt der Union bereitgestellt**
  Am 29.06.2023 war es so weit: Die Nachfolge-Rechtsvorschrift der Maschinenrichtlinie 2006/42/EG, die Verordnung (EU) 2023/1230 über Maschinen, wurde im Amtsblatt der EU veröffentlicht.[1]
  Die neue Maschinenverordnung ist ab dem 20.01.2027 anzuwenden. Bis dahin gilt weiterhin die Maschinenrichtlinie 2006/42/EG. Gegen die sofortige Anwendung der Maschinenverordnung spricht nichts, schließlich fordert sie nicht weniger als die Maschinenrichtlinie. Allerdings darf vor dem 20.01.2027 die Konformität von Maschinen und dazugehörigen Produkten zur Maschinenverordnung nicht erklärt werden.
  Nebenbei: Weil die neue Rechtsakte eine Verordnung ist, bedarf sie nicht der Umsetzung in nationales Recht, wie das bei europäischen Richtlinien der Fall ist. Das heißt, dass die Maschinenverordnung direkt und unmittelbar in allen 27 Mitgliedstaaten der Europäischen Union gilt.
  Obwohl der Prozess zur Neufassung der Maschinenrichtlinie von der ersten Umfrage bis zur Veröffentlichung als Maschinenverordnung im Amtsblatt der EU ungefähr fünf Jahre gedauert hat, halten sich die tatsächlichen Neuerungen in Grenzen.
  Die umfangreichsten Neuerungen sind der Anpassung der Inhalte an das New Legislative Framework (neuer Rechtsrahmen – NLF) geschuldet. So sind jetzt endlich die Pflichten der Einführer und Händler verschriftlicht, die in der Maschinenrichtlinie nicht enthalten sind.

1 Die dortige Fundstelle lautet: ABl. L 165 vom 29.06.2023, S. 1–102.

- **Blue Guide reloaded**
  Der Leitfaden für die Umsetzung der Produktvorschriften der EU 2022 („Blue Guide") wurde einer gründlichen Renovierung unterzogen. Was ist der Zweck dieses Leitfadens? Als Antwort sei aus ihm zitiert: „Mit diesem Leitfaden soll ein Beitrag zum besseren Verständnis der Produktvorschriften der EU sowie zu ihrer einheitlicheren und konsequenteren Anwendung in den verschiedenen Bereichen und im gesamten Binnenmarkt geleistet werden. Der Leitfaden richtet sich an die Mitgliedstaaten sowie an all jene, die mit den Vorschriften zur Gewährleistung des freien Warenverkehrs und eines hohen Schutzniveaus innerhalb der Union vertraut sein sollten (z.B. Handels- und Verbraucherverbände, Normungsorganisationen, Hersteller, Einführer, Händler, Konformitätsbewertungsstellen und Gewerkschaften). Er beruht auf der Konsultation aller interessierten Parteien."
  Nebenbei: Der Blue Guide ist mittlerweile 23 Jahre alt. So lange gibt es ihn schon.
  Die Überarbeitung war erforderlich, weil sich Änderungen bei CE- und Nicht-CE-Rechtsvorschriften, der Marktüberwachung und durch den Brexit ergeben haben. Neu aufgenommen wurden Erläuterungen zu den Verordnungen (EU) 2019/515 und 2019/1020. Die Erläuterungen zum Thema „wesentliche Veränderungen" wurden präzisiert. Ebenfalls behandelt wird nun das Thema Software und der Umgang damit, z.B., ob durch Änderung der Software in der Steuerung einer Maschine diese eine wesentliche Veränderung erfährt oder nicht.
- **Produkte jetzt (hoffentlich) noch sicherer: die neue Produktsicherheitsverordnung**
  Die neue Produktsicherheitsverordnung wurde am 23.05.2023 im Amtsblatt der EU veröffentlicht. Sie gilt ab dem 13.12.2024.
  Mit der neuen Produktsicherheitsverordnung werden folgende Rechtsvorschriften aufgehoben:
  - Richtlinie 2001/95/EG über die allgemeine Produktsicherheit: Mit der Aufhebung dieser Richtlinie ist auch die deutsche Umsetzung in Gestalt des Produktsicherheitsgesetzes (ProdSG) Geschichte – jedenfalls zum 13.12.2024.
  - Richtlinie 87/357/EWG zur Angleichung der Rechtsvorschriften der Mitgliedstaaten für Erzeugnisse, deren tatsächliche Beschaffenheit nicht erkennbar ist und die die Gesundheit oder die Sicherheit der Verbraucher gefährden

Folgende Rechtsvorschriften werden geändert:
- Verordnung (EU) Nr. 1025/2012 zur europäischen Normung
- Richtlinie (EU) 2020/1828 über Verbandsklagen zum Schutz der Kollektivinteressen der Verbraucher

Die ProdSV als europäische Rechtsakte bedarf nicht der nationalen Umsetzung. Sie gilt in allen EU-Mitgliedstaaten direkt und unmittelbar.

Sie gilt nunmehr ausschließlich für Verbraucherprodukte, entspricht in Bezug auf Wirtschaftsakteure dem neuen Rechtsrahmen (NLF), verankert die wesentliche Veränderung im Rechtstext, präzisiert den Fernabsatz und, last, but not least werden Mitgliedstaaten, Behörden und Wirtschaftsakteure verpflichtet, das Safety Gate und Safety Business Gateway zu nutzen, um gefährliche Produkte anzuprangern und Korrekturmaßnahmen zu veröffentlichen.

BREXIT und kein Ende

Nachdem die Übergangsfrist von der CE-Kennzeichnung zur UKCA- bzw. UKNI-Kennzeichnung mehrfach und zuletzt auf 31.12.2024, 23 Uhr verlängert wurde, trägt sich die britische Regierung mit dem Gedanken, die CE-Kennzeichnung auch über den genannten Termin hinaus anzuerkennen, möglicherweise ad infinitum. Der Gedanke wurde bereits auf der Website von GOV.UK veröffentlicht, ist aber noch nicht in trockenen gesetzlichen Tüchern.

Halten Sie sich also auf dem Laufenden, wenn Sie Produkte, die der CE-Kennzeichnung unterliegen, auf dem UK-Markt bereitstellen wollen (https://www.gov.uk/government/news/uk-government-announces-extension-of-ce-mark-recognition-for-businesses).

Ansonsten ist vieles beim Alten geblieben:

Das Tagesgeschäft gibt weiterhin nicht den Spielraum her, sich einmal von Grund auf mit der CE-Kennzeichnung zu beschäftigen.

Und so sammeln sich im Lauf der Zeit immer wieder Fragen an, die beantwortet werden wollen, wie z.B.: „Muss ich die Risikobeurteilung meinen Kunden aushändigen?“, „Welche europäischen

Rechtsvorschriften und Normen muss bzw. kann ich anwenden?", „In welcher Sprache muss ich meine Betriebsanleitung liefern?", „Wer unterschreibt die EG- bzw. EU-Konformitätserklärung?".

Diese Fachbroschüre wendet sich deshalb wie auch bisher an folgende Organisationseinheiten im Unternehmen: Konstruktion und Entwicklung, Unternehmensleitung, Einkauf, Fertigung, technische Redaktion, Vertrieb, Qualitätssicherung, betrieblicher Arbeitsschutz, Rechtsabteilung, Product Compliance Officers und CE-Verantwortliche.

Und es geht nach wie vor um das große Ganze und die Darstellung der Zusammenhänge.

Vor diesem Hintergrund soll das vorliegende Werk eine kurzweilige und appetitanregende Lektüre sein, die Sie auf einer Zugfahrt, während eines Flugs oder einfach zu Hause genießen können. Und natürlich auch bei der Arbeit, als kleines Kompendium für alle Fälle.

Spoiler Alert

Wenn Sie sich die Spannung auf die Zukunft erhalten möchten, überspringen Sie diesen Absatz und setzen die Lektüre ab Kapitel 1 „Begriffe" oder mit irgendeinem anderen Kapitel fort.

Bekanntlich hat der Gesetzgeber auf europäischer, aber auch auf nationaler Ebene „Hummeln im Hintern". Das führt zu immer neuen und überarbeiteten Rechtsvorschriften.

Für die nahe und mittlere Zukunft werden folgende Rechtsvorschriften erwartet:

- die Verordnung über künstliche Intelligenz (KI-Verordnung) Diese wird Stand Juli 2023 die CE-Kennzeichnung für KI enthalten.
- die neue Produkthaftungsrichtlinie, die zur Aufhebung der Richtlinie 85/374/EWG über die Haftung für fehlerhafte Produkte führen wird und u.a. die Haftung für KI thematisieren wird

- die neue Batterieverordnung zur Aufhebung der Batterierichtlinie 2006/66/EG und Änderung der Verordnung (EU) 2019/1020 zur Marktüberwachung
  Die Batterieverordnung soll Stand Juli 2023 die CE-Kennzeichnung für Batterien verpflichtend machen.
- eine neu gefasste Ökodesign-Richtlinie
- Neues zur Cybersecurity
- … to be continued.

Ich wünsche Ihnen ein entspannendes Lesevergnügen.

Jörg Ertelt

Über den Autor

Jörg Ertelt ist Gründer und Inhaber von HELPDESIGN • JÖRG ERTELT.

Geschäftsfelder: Product Compliance, Informationsmanagement, Akademie

www.helpdesign.eu

Unsere Leistungen sind Wegbereiter für bewährte pragmatische und kostenbewusste Konzepte zur Durchführung der CE-Kennzeichnung, zur Erstellung von Produktanleitungen, zur Auswahl und Einführung von Software und zur Durchführung von Seminaren. Zu unseren Kunden zählen KMU und Konzerne, die in der EU bzw. weltweit Produkte auf dem Markt bereitstellen.

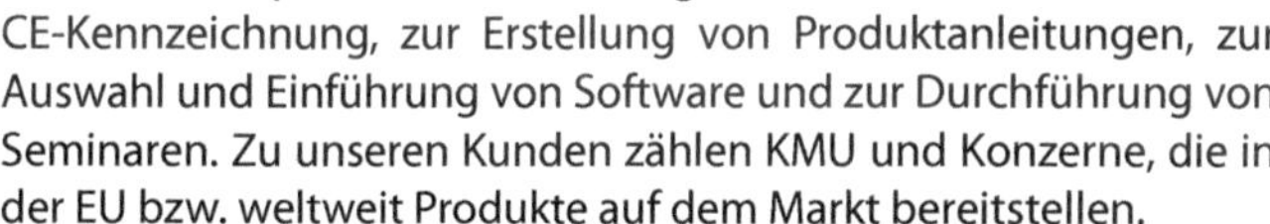

Ihre Rückmeldung zu diesem Fachbuch

Ich freue mich über Ihre Einsprüche, Zustimmung, Anmerkungen, Anregungen, Fragen, konstruktive Kritik oder Ihr Lob zu diesem Fachbuch.

Senden Sie eine entsprechende E-Mail an:
joerg.ertelt@helpdesign.eu

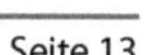

1 Begriffe

Die nachfolgenden Begriffe sind für das Verständnis der Inhalte in dieser Broschüre unerlässlich. Die Begriffe und die dazugehörigen Begriffsbestimmungen sind folgenden Verordnungen und Leitfäden entnommen:

- Verordnung (EU) 2023/988 über die allgemeine Produktsicherheit
- Verordnung (EU) 2019/1020 über Marktüberwachung und die Konformität von Produkten
- Leitfaden für die Umsetzung der Produktvorschriften der EU 2022 („Blue Guide")

Produkt

„‚Produkt' [bezeichnet] jeden Gegenstand, der für sich allein oder in Verbindung mit anderen Gegenständen entgeltlich oder unentgeltlich – auch im Rahmen der Erbringung einer Dienstleistung – geliefert oder bereitgestellt wird und für Verbraucher bestimmt ist oder unter vernünftigerweise vorhersehbaren Bedingungen wahrscheinlich von Verbrauchern benutzt wird, selbst wenn er nicht für diese bestimmt ist."
(Verordnung (EU) 2023/988 über die allgemeine Produktsicherheit)

Wirtschaftsakteur

„Hersteller, Einführer, Händler, Bevollmächtigte, Fulfilment-Dienstleister und jede andere natürliche oder juristische Person, die Verpflichtungen im Zusammenhang mit der Herstellung von Produkten, deren Bereitstellung auf dem Markt oder deren Inbetriebnahme gemäß den einschlägigen Harmonisierungsrechtsvorschriften der Union unterliegt"
(Verordnung (EU) 2019/1020 über Marktüberwachung und die Konformität von Produkten)

Hersteller

„Hersteller ist jede natürliche oder juristische Person, die ein Produkt herstellt oder entwickeln oder herstellen lässt und dieses Produkt unter ihrem eigenen Namen oder ihrer eigenen Marke vermarktet."
(Verordnung (EU) 2019/1020 über Marktüberwachung und die Konformität von Produkten)

Einführer „Jede in der Gemeinschaft ansässige natürliche oder juristische Person, die ein Produkt aus einem Drittstaat auf dem Gemeinschaftsmarkt in Verkehr bringt"
(Verordnung (EU) 2019/1020 über Marktüberwachung und die Konformität von Produkten)

Händler „Jede natürliche oder juristische Person in der Lieferkette, die ein Produkt auf dem Markt bereitstellt, mit Ausnahme des Herstellers oder des Einführers"
(Verordnung (EU) 2019/1020 über Marktüberwachung und die Konformität von Produkten)

Bevollmächtigter „Jede in der Gemeinschaft ansässige natürliche oder juristische Person, die von einem Hersteller schriftlich beauftragt wurde, in seinem Namen bestimmte Aufgaben wahrzunehmen"
(Verordnung (EU) 2019/1020 über Marktüberwachung und die Konformität von Produkten)

Bereitstellung auf dem Markt „Jede entgeltliche oder unentgeltliche Abgabe eines Produkts zum Vertrieb, Verbrauch oder zur Verwendung auf dem Unionsmarkt im Rahmen einer Geschäftstätigkeit"
(Verordnung (EU) 2019/1020 über Marktüberwachung und die Konformität von Produkten)

Inverkehrbringen „Die erstmalige Bereitstellung eines Produkts auf dem Unionsmarkt"
(Verordnung (EU) 2023/988 über die allgemeine Produktsicherheit)

CE-Kennzeichnung „Kennzeichnung, durch die der Hersteller erklärt, dass das Produkt den geltenden Anforderungen genügt, die in den Harmonisierungsrechtsvorschriften der Gemeinschaft über ihre Anbringung festgelegt sind" (Beschluss 768/2008/EG über einen gemeinsamen Rechtsrahmen für die Vermarktung von Produkten)

Wesentliche Anforderungen Wesentliche Anforderungen definieren die zu erzielenden Ergebnisse oder die abzuwendenden Gefahren, ohne jedoch die technischen Lösungen dafür festzulegen.
(Blue Guide 2022)

Konformitäts-bewertung

„Die Konformitätsbewertung ist ein vom Hersteller durchgeführter Vorgang, mit dem nachgewiesen werden soll, dass bestimmte Anforderungen an ein Produkt erfüllt worden sind. Ein Produkt wird sowohl in der Entwurfs- als auch in der Fertigungsstufe einer Konformitätsbewertung unterzogen."
(Blue Guide 2022)

Harmonisierte Norm

Harmonisierte Norm „bezeichnet eine europäische Norm, die auf der Grundlage eines Auftrags der Kommission zur Durchführung von Harmonisierungsrechtsvorschriften der Union angenommen wurde."
(Blue Guide 2022)

Formale Nichtkonformität

„Nichteinhaltung administrativer oder formaler Anforderungen von CE-Rechtsvorschriften"

Beispiele:

- Die CE-Kennzeichnung wurde unter Nichteinhaltung der Vorgaben der CE-Rechtsvorschriften angebracht.
- Die CE-Kennzeichnung wurde nicht angebracht.
- Die EU-Konformitätserklärung wurde nicht ausgestellt.
- Die EU-Konformitätserklärung wurde nicht ordnungsgemäß ausgestellt.
- Die technischen Unterlagen sind entweder nicht verfügbar oder nicht vollständig.

Materielle Nichtkonformität

„Nichteinhaltung der wesentlichen Anforderungen aus CE-Rechtsvorschriften"

2 Was bedeutet CE-Kennzeichnung eigentlich – und was nicht?

Auf vielen Produkten prangt die CE-Kennzeichnung.

Was die CE-Kennzeichnung bedeutet, sagt der unscheinbare Satz:

„Mit der CE-Kennzeichnung bescheinigt der Hersteller die Konformität des Produkts mit allen anzuwendenden Rechtsvorschriften, in denen ihre Anbringung vorgesehen ist."

Das war's. Mehr kommt nicht.

Geltende bzw. wesentliche Anforderungen

Die geltenden bzw. wesentlichen Anforderungen finden sich in CE-Rechtsvorschriften sowie deren nationalen Umsetzungen. Die Anforderungen in diesen CE-Rechtsvorschriften sind allgemein gehalten. Konkretisiert werden die Anforderungen in harmonisierten Normen, von denen noch die Rede sein wird.

Damit ist auch klar, was die CE-Kennzeichnung nicht bedeutet: Sie ist kein Qualitäts- oder Sicherheitssiegel oder ein Ursprungszeichen. Letzteres bedeutet, dass die CE-Kennzeichnung keine Rückschlüsse darauf zulässt, wo ein Produkt hergestellt wurde.

Adressaten der CE-Kennzeichnung

Adressaten der CE-Kennzeichnung sind in erster Linie die Mitgliedstaaten der Europäischen Union, vertreten durch die jeweiligen nationalen Marktaufsichtsbehörden. Deren Aufgabe ist es zu prüfen, ob Produkte den geltenden Anforderungen genügen und sicher sind.

Die Vielfalt der Produkte mit CE-Kennzeichnung ist erstaunlich.

So findet sich die CE-Kennzeichnung z.B. auf Toastern, Leuchtmitteln, Lampen, elektrisch höhenverstellbaren Schreibtischen, Sonnenbrillen, Biergläsern mit Eichstrich (!), Mauersteinen, Maschinen, Stahlbauten, Wohlfühlsesseln mit elektrisch verstellbarer Rückenlehne, Smartphones – überhaupt auf mobilen Endgeräten aller Art –, auf weißer Ware wie Geschirrspülern und Kühlschränken, auf Wagenhebern, Spielzeug, Aufzügen, Rolltreppen usw.

Daneben gibt es eine ganze Reihe von Produkten, die keine CE-Kennzeichnung aufweisen. Dazu gehören z.B. einfache Stühle und Tische, Möbel aller Art, Textilien, Teebeutel, Kaffeepads, Bücher (!), Bodenbeläge wie Laminat, Farben usw.

Allerdings gilt: Was nicht ist, kann noch werden. Die EU-Kommission hat noch jede Menge Rechtsvorschriften in der Pipeline, die künftig die CE-Kennzeichnung für Produkte vorsehen, die Stand heute nicht der CE-Kennzeichnung unterliegen.

Produkte mit und ohne CE-Kennzeichnung

Bei dieser Betrachtung drängt sich eine Frage geradezu auf: Weshalb gibt es Produkte mit und Produkte ohne CE-Kennzeichnung?

Die Antwort ist simpel: weil es CE-Rechtsvorschriften gibt, die eine CE-Kennzeichnung für Produkte fordern, die vom Anwendungsbereich dieser Rechtsvorschriften erfasst werden. Damit wird dem freien Warenverkehr in der Europäischen Union Rechnung getragen.

Verbotene CE-Kennzeichnung

Das Anbringen der CE-Kennzeichnung auf Produkten, die nicht von einer CE-Rechtsvorschrift erfasst werden, ist verboten.[2]

Ein letzter, motivierender Hinweis: Die Durchführung der CE-Kennzeichnung dient nicht dem Ziel, lediglich den Amtsschimmel zufriedenzustellen.

2 vgl. § 7 Produktsicherheitsgesetz „CE-Kennzeichnung“ Abs. 2 Ziffer 1

Nein. Sondern:

Ziel der CE-Kennzeichnung

Die Durchführung der CE-Kennzeichnung dient ausschließlich dem hehren Ziel, sichere Produkte zu konstruieren und herzustellen, die entweder in Verkehr gebracht oder für den Eigengebrauch in Betrieb genommen werden. Da dieses Ziel im Paragrafendschungel gerne untergeht, sei es hier ausdrücklich erwähnt.

Fragen und Antworten zur CE-Kennzeichnung

- **Seit wann gibt es die CE-Kennzeichnung?**
  Der Grundstein für die CE-Kennzeichnung wurde 1985 mit einer Entschließung des EG-Rates gelegt und sollte dazu beitragen, technische Handelshemmnisse innerhalb der EU abzubauen.
- **Wer bringt das CE-Kennzeichen auf einem Produkt an?**
  Dies ist dem Hersteller des jeweiligen Produkts oder seinem Bevollmächtigten vorbehalten – die Wirtschaftsakteure Einführer und Händler sind nicht berechtigt, die CE-Kennzeichnung an Produkten anzubringen.
- **Hat das CE-Kennzeichen ein bestimmtes Schriftbild oder genügen die Buchstaben C und E?**
  Die CE-Kennzeichnung hat ein bestimmtes Schriftbild. Dieses ist in der Verordnung (EG) Nr. 765/2008 über die Vorschriften für die Akkreditierung und Marktüberwachung im Zusammenhang mit der Vermarktung von Produkten hinterlegt.

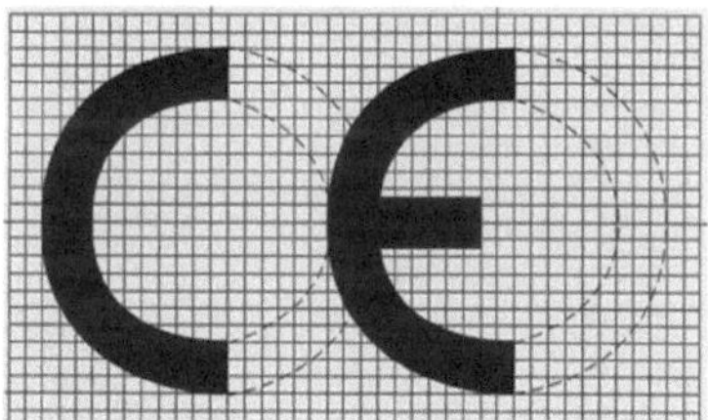

Weitere Fragen und Antworten zur CE-Kennzeichnung finden Sie im Leitfaden für die Umsetzung der Produktvorschriften der EU 2022 („Blue Guide") in Anhang 5 „Häufig gestellte Fragen zur CE-Kennzeichnung".

3 Wen betrifft die CE-Kennzeichnung?

In Unternehmen wird die CE-Kennzeichnung nicht so sehr von der akademischen, sondern eher von der pragmatischen Seite angegangen. Daraus ergibt sich zwangsläufig die Frage:

„Wer macht es?"

Keine gesetzliche Festlegung

Dass sich diese Frage überhaupt stellt, liegt daran, dass es keine vom Gesetzgeber bestimmte Person gibt, die sich mit der CE-Kennzeichnung befassen muss. In anderen Bereichen gibt es durchaus gesetzliche Regelungen. So fordert beispielsweise das Arbeitssicherheitsgesetz (ASiG) u.a. die Bestellung von Fachkräften für Arbeitssicherheit.

Bezeichnungen wie „CE-Beauftragter", „CE-Koordinator" oder „CE-Dokumentations-Bevollmächtigter" sind wohlklingende Umschreibungen für Tätigkeiten im Zusammenhang mit der CE-Kennzeichnung – eine gesetzliche Grundlage haben diese Bezeichnungen allerdings nicht.

Wer im Unternehmen ist von der CE-Kennzeichnung betroffen?

Bevor die Frage „Wer macht es?" beantwortet werden kann, muss klar sein, wer im Unternehmen überhaupt von der CE-Kennzeichnung betroffen ist. Darüber gibt die nachfolgende Übersicht Auskunft.

Dabei sind die jeweiligen Zielgruppen nicht isoliert voneinander zu betrachten. Die meisten Zielgruppen sind bei der CE-Kennzeichnung auf Zusammenarbeit angewiesen. Manche haben möglicherweise lediglich delegierende Funktion – andere müssen wohl in den sauren Apfel beißen und die CE-Kennzeichnung konkret umsetzen.

Allerdings gilt: Das Thema CE-Kennzeichnung lässt im Unternehmen (fast) keinen kalt.

Hinweis Die Zielgruppen sind nicht fein granular aufgegliedert und müssen auch nicht unbedingt in Reinkultur im Unternehmen vorkommen. Mischformen und unternehmensspezifische Besonderheiten sind eher die Regel als die Ausnahme.

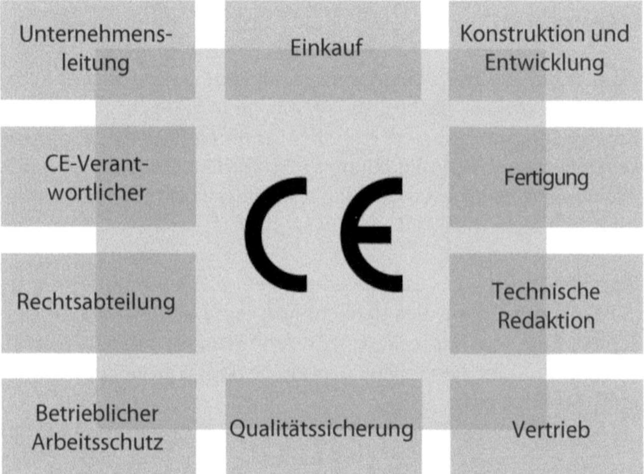

Unternehmensleitung (Geschäftsführer, Vorstände oder Inhaber)

Abgesehen von Unternehmern, die als Einzelkämpfer agieren, hat die Unternehmensleitung relativ wenige Berührungspunkte mit der Durchführung der CE-Kennzeichnung, jedenfalls im praktischen Sinne.

Im Rahmen der Organisationsverantwortung der Unternehmensleitung wird die eigentliche Durchführung der CE-Kennzeichnung oft delegiert.

Typische Aufgabe der Unternehmensleitung ist das Unterzeichnen der EU-Konformitätserklärung, die allerdings gerne auch mal an einen Bevollmächtigten delegiert wird.

Grundkenntnisse in der CE-Kennzeichnung sind **durchaus von Vorteil.** *Fazit*

Einkauf

„Der Gewinn liegt im Einkauf", sagt eine Kaufmannsweisheit. Vorbehaltlich der Korrektheit dieser Aussage sollte diese Regel im Zusammenhang mit der CE-Kennzeichnung nicht überstrapaziert werden.

Dem Einkauf sollte jedoch bewusst sein, dass ein unglaublich günstiges Bauteil ohne erforderliche CE-Kennzeichnung, das massenhaft geordert wurde, plötzlich zum teuren Problem im eigenen Unternehmen werden kann. Das Unternehmen als Einführer muss die fehlende CE-Kennzeichnung dann nämlich nachholen oder, als alternative Handlungsoption, zum Hersteller zur Gutschrift zurückschicken – sofern dies möglich und praktikabel ist.

Oder noch schlimmer: Die eigenen Produkte müssen aufgrund falsch oder nicht CE-gekennzeichneter Zukaufteile zurückgerufen werden – auch bei großen Automobilherstellern ist das nicht unmöglich!

Solche Schreckensszenarien lassen sich aus den CE-Rechtsvorschriften ableiten. Dort heißt es dann in nüchterner juristischer Fachsprache: „Hersteller, die der Auffassung sind oder Grund zu der Annahme haben, dass ein von ihnen in Verkehr gebrachtes Produkt nicht den geltenden Harmonisierungsrechtsvorschriften der Gemeinschaft entspricht, ergreifen unverzüglich die erforderlichen Korrekturmaßnahmen, um die Konformität dieses Produkts herzustellen, es gegebenenfalls vom Markt zu nehmen oder zurückzurufen." (Beschluss 768/2008/EG) usw., usf.

Grundkenntnisse in der CE-Kennzeichnung und der Produktsicherheit sind deshalb für jeden Einkäufer **ein Muss.** *Fazit*

Konstruktion und Entwicklung

Konstruktion und Entwicklung sind die klassische Zielgruppe im Zusammenhang mit der CE-Kennzeichnung. Schließlich müssen sie die wesentlichen Anforderungen für Produkte umsetzen, wie sie in den CE-Rechtsvorschriften niedergelegt sind, und sichere Produkte konstruieren.

Zur Konstruktion sicherer Produkte gehört auch die Durchführung der Risikobeurteilung. Eine oft gestellte Frage in diesem Zusammenhang lautet: „Wann muss die Risikobeurteilung durchgeführt werden?"

Eine Antwort finden Sie in der Maschinenrichtlinie 2006/42/EG in Anhang I Grundlegende Sicherheits- und Gesundheitsschutzanforderungen Allgemeine Grundsätze Nr. 1: „Die Maschine muss dann unter Berücksichtigung der Ergebnisse der Risikobeurteilung konstruiert und gebaut werden." Zeitlich betrachtet bedeutet der Satz, dass die Risikobeurteilung vor der Konstruktion durchgeführt werden soll. Ob das praktikabel ist, sei dahingestellt. Es wird darauf hinauslaufen, dass die Risikobeurteilung konstruktionsbegleitend durchgeführt wird.

Aber ist das auch immer die gelebte Praxis?

Konstruktion und Entwicklung sind auf jeden Fall der Dreh- und Angelpunkt bei der CE-Kennzeichnung.

Fazit Konstruktion und Entwicklung müssen **en détail** über die CE-Kennzeichnung **Bescheid wissen.**

Fertigung

In der Fertigung werden die Produkte hergestellt, die von der Konstruktion und Entwicklung sicher konstruiert wurden.

Diese Sicherheit kann durch den Herstellungsprozess nicht zunichtegemacht werden. Wie das? Sehr einfach: indem z.B. falsche, aber günstigere Materialien verbaut werden als in der Konstruktion vorgesehen, die dann nicht mehr die erforderliche Sicherheit gewährleisten.

Um dem entgegenzuwirken, fordert beispielsweise die Maschinenrichtlinie 2006/42/EG in Anhang VIII die Bewertung der Konformität mit einer internen Fertigungskontrolle. Dort heißt es unter Nr. 3: „Der Hersteller muss alle erforderlichen Maßnahmen ergreifen, damit durch den Herstellungsprozess gewährleistet ist, dass die hergestellten Maschinen mit den in Anhang VII Teil A genannten technischen Unterlagen übereinstimmen und die Anforderungen dieser Richtlinie erfüllen."

Und für Serienhersteller gilt: „Die Hersteller gewährleisten durch geeignete Verfahren, dass stets Konformität bei Serienfertigung sichergestellt ist. Änderungen am Entwurf des Produkts oder an seinen Merkmalen sowie Änderungen der harmonisierten Normen oder der technischen Spezifikationen, auf die bei Erklärung der Konformität eines Produkts verwiesen wird, werden angemessen berücksichtigt." (Beschluss 768/2008/EG)

Fazit

Grundkenntnisse in der CE-Kennzeichnung und der Produktsicherheit sind deshalb für die Fertigung **ein Muss.**

Technische Redaktion

Mit der CE-Kennzeichnung hat diese Zielgruppe so einiges zu tun. Je nachdem, um was für ein Produkt es sich handelt, sind andere Anforderungen an den Inhalt und die Darstellung der jeweiligen Benutzerinformation umzusetzen. Die korrekte Umsetzung wiederum ist notwendige Voraussetzung für eine erfolgreiche CE-Kennzeichnung.

Idealerweise wird die technische Redaktion von der Konstruktion und Entwicklung mit der Risikobeurteilung versorgt. Diese enthält neben den Produktgrenzen, beispielsweise der bestimmungsgemäßen Verwendung, auch die Restrisiken. Ohne diese Information ist es auch für die beste technische Redaktion nicht möglich, quasi aus dem Nichts Benutzerinformationen zu erstellen, die den

Benutzern die Bedienung der Produkte näherbringen und vor Restrisiken in Form von Warnhinweisen warnen.

Fazit Als unterstützendes Element muss die technische Redaktion **die wesentlichen Anforderungen** der CE-Kennzeichnung **kennen.**

Vertrieb

Wer auf dem Standesamt vorschnell Ja sagt, bereut das möglicherweise für lange Zeit.

Ähnlich verhält es sich beim Vertrieb, der gelegentlich dazu neigt, zu schnell Ja zu sagen. Was der Vertrieb in Bezug auf die CE-Kennzeichnung verspricht und vereinbart, muss hinterher auch CE-konform lieferbar sein.

So können z.B. teure, aber geeignete Schutzmaßnahmen nicht einfach weggelassen werden, nur um „beim Preis noch etwas zu machen".

Andererseits ist die Lieferung einer Betriebsanleitung in der Sprache des Verwenderlands nicht verhandelbar und erst recht nicht vertraglich abweichend davon zu vereinbaren,[3] sondern schlicht und einfach gesetzlich vorgeschrieben – und deshalb in das Angebot mit einzukalkulieren.

Ebenfalls korrekt kalkuliert werden müssen Umbaumaßnahmen, die an bestehenden Produkten, z.B. Maschinen und Anlagen, durchgeführt werden sollen. Solche Umbaumaßnahmen können zu einer sogenannten wesentlichen Veränderung führen, bei der die ursprüngliche CE-Kennzeichnung erlischt. Diese muss dann grundsätzlich vom Auftraggeber wiederhergestellt werden. Dabei versucht der Auftraggeber, diese „lästige" Pflicht an den Auftragnehmer zu delegieren, der sich aber erfahrungsgemäß und berechtigterweise vehement dagegen wehren wird.

3 CE-Rechtsvorschriften stellen öffentliches Recht dar – dieses kann nicht per privatrechtliche vertragliche Vereinbarung eingeschränkt oder ausgeschlossen werden.

Der Vertrieb muss also **in hohem Maße** über die CE-Kennzeichnung **Bescheid wissen.** *Fazit*

Qualitätssicherung

Aufgabe der Qualitätssicherung kann es sein, die Konformität der eigenen Produkte zu bewerten.

Sollte die Konformitätsbewertung bei dieser Zielgruppe verortet sein, sind **vertiefende Kenntnisse** bei der CE-Kennzeichnung **erforderlich.** *Fazit*

Betrieblicher Arbeitsschutz, z.B. Fachkräfte für Arbeitssicherheit

Gelegentlich wird übersehen oder verdrängt, dass die CE-Kennzeichnung nicht nur Produkte betrifft, die ein Unternehmen in Verkehr bringt, sondern die im Unternehmen für den Eigengebrauch genutzt werden. Diese Produkte werden zwar in der Regel nicht in Verkehr gebracht, allerdings für den Eigengebrauch in Betrieb genommen.

Davon betroffen sind alle Produkte, die vom Anwendungsbereich folgender, nicht abschließend aufgezählter CE-Rechtsvorschriften erfasst werden:

- Maschinenrichtlinie 2006/42/EG
- ATEX-Richtlinie 2014/34/EU
- Messgeräterichtlinie 2014/32/EU
- Richtlinie über Explosivstoffe für zivile Zwecke 2014/28/EU

Die Verantwortlichen für den Arbeitsschutz sind deshalb gelegentlich in die CE-Kennzeichnung involviert, auch wenn ihr Tätigkeitsschwerpunkt ein anderer ist – mit Sicherheit haben sie jedoch immer zu tun.

Grundkenntnisse der CE-Kennzeichnung und der Abgrenzung zwischen Hersteller- und Betreiberpflichten **sind sinnvoll.** *Fazit*

Rechtsabteilung

Sofern vorhanden, sollte auch die Rechtsabteilung beim Thema CE-Kennzeichnung mit ins Boot geholt werden. Falls keine unternehmensinterne Rechtsabteilung vorhanden ist, scheuen Sie sich nicht, externen juristischen Rat einzuholen.

Denn wie bei anderen Unternehmensprozessen kann auch beim CE-Prozess eine gute juristische Unterstützung nicht schaden. Wer z.B. die Risikobeurteilung eines Lieferanten einsehen will, kann sich entweder auf dessen guten Willen verlassen – oder sich dieses Recht schon vorab vertraglich oder in den allgemeinen Lieferbedingungen zusichern lassen.

Juristischer Rat sollte auch dringend eingeholt werden, wenn folgender Ruf ertönt: „Marktaufsichtsbehörde ante portas". Diese will dann nicht nur z.B. die technischen Unterlagen ausgehändigt bekommen, sondern sie will im Fall der Nichtkonformität eines Produkts z.B. wissen, wie viele nicht konforme Produkte bereits in Verkehr gebracht wurden, wie viele sich noch am Lager befinden und welche noch im Zulauf sind. Dann ist zwar guter Rat teuer – fundierte juristische Beratung hat nun mal ihren Preis –, allerdings ist dieser Preis im Vergleich zu dem Preis, den das Unternehmen aufgrund der nicht in Anspruch genommenen juristischen Beratung ggf. berappen muss, deutlich günstiger.

Fazit Wie so oft gilt auch bei der CE-Kennzeichnung: Wenn **kritische Punkte rechtzeitig geklärt werden,** muss hinterher weniger in an sich vermeidbare Streiterei investiert werden.

CE-Verantwortlicher

Wohl dem Unternehmen, das sich einen CE-Verantwortlichen leistet will und kann!

Geschickt und planvoll aufgezogen, unterstützt der CE-Verantwortliche alle an der CE-Kennzeichnung Beteiligten, indem er die CE-Kennzeichnung steuert und die betreffenden Personen z.B. mit den neuesten CE-Rechtsvorschriften und deren nationalen Umsetzungen sowie harmonisierten Normen versorgt.

Der CE-Verantwortliche kann die Zusammenarbeit zwischen Konstruktion und Entwicklung und der technischen Redaktion koordinieren, die Geschäftsleitung beraten, dem Einkauf und dem Vertrieb bei Fragen zur CE-Kennzeichnung helfen. Kurz gesagt: **Der CE-Verantwortliche ist eigentlich unentbehrlich.**

Interessanterweise wird diese Berufsgruppe aber selbst in großen Unternehmen nicht so häufig angetroffen.

Zusammenfassung

Dieser Zielgruppenüberblick zeigt, dass mehr Personen in einem Unternehmen mit der CE-Kennzeichnung befasst sein können, als Sie möglicherweise vermutet haben.

Auf die Frage „Wer macht es?" kann mit der Gegenfrage geantwortet werden: „Wer macht was?"

CE-Kennzeichnung ist Teamarbeit

Dabei sollten die Rollen und Aufgaben klar definiert werden und es sollte klar sein, dass die CE-Kennzeichnung keine „One-Man-Show", sondern Teamarbeit ist.

4 Hinter den Kulissen der CE-Kennzeichnung

Das neue Konzept und das Gesamtkonzept

Wenn Sie wissen möchten, weshalb es überhaupt europäische CE-Rechtsvorschriften gibt, kommen Sie nicht umhin, sich mit dem „neuen Konzept" (New Approach), dem Gesamtkonzept sowie dem New Legislative Framework zumindest in angemessener Kürze zu beschäftigen.

Mit anderen Worten: Lesen Sie einfach weiter.

Das neue Konzept und das Gesamtkonzept sind vereinfacht gesagt so etwas wie das Betriebssystem, auf dem europäische Rechtsvorschriften laufen.

Die erfreuliche Nachricht dabei: Es gibt gar nicht so viele europäische CE-Rechtsvorschriften. Stand Juli 2023 sind dem Verfasser dieses Werks 26 CE-Rechtsvorschriften bekannt. Tendenz allerdings steigend. So wird die künftige KI-Verordnung die CE-Kennzeichnung für KI fordern, ebenso die künftige Batterieverordnung, die die Batterierichtlinie 2006/66/EG ablösen wird. Das sollte also zu stemmen sein, zumal in keinem Fall alle dieser CE-Rechtsvorschriften auf ein einzelnes Produkt anzuwenden sind, sondern lediglich eine Teilmenge. Welche CE-Rechtsvorschriften dies sind, muss im Einzelfall für das jeweilige Produkt ermittelt werden.

Warum wurden das neue Konzept und das Gesamtkonzept erdacht?

Eine wesentliche Errungenschaft der Europäischen Union sind die vier Grundfreiheiten.

Vier Grundfreiheiten

Diese betreffen den freien Verkehr von

- Waren,
- Personen,
- Kapital und
- Dienstleistungen.

Während das Kapital meiner Meinung nach ziemlich frei und in die falschen Richtungen verkehrt, ist der freie Verkehr von Waren eine durchaus angenehme Angelegenheit, insbesondere für die exportorientierte deutsche Industrie.

Vereinigtes Königreich (UK)

Auch nach dem Brexit können Produkte der Europäischen Union in England, Wales, Schottland und Nordirland in Verkehr gebracht werden. Dabei sind Regeln zu beachten, insbesondere, was die UKCA- und UKNI-Kennzeichnung betrifft. Allerdings deutet sich Stand August 2023 an, dass die CE-Kennzeichnung auch über den 21.12.2024 hinaus in UK anerkannt werden soll. Mehr dazu im Vorwort zu diesem Fachbuch.

Freier Warenverkehr

Der freie Warenverkehr steht letztlich auch im Mittelpunkt unseres Interesses, weil er der Auslöser für das neue Konzept und das Gesamtkonzept war. Allerdings deutet sich Stand August 2023 an, dass die CE-Kennzeichnung auch über den 21.12.2024 hinaus in UK anerkannt werden soll. Mehr dazu im Vorwort zu diesem Fachbuch.

Der freie Warenverkehr ist nur dann gewährleistet, wenn die Mitgliedstaaten der Europäischen Union keine Handelshemmnisse aufbauen, etwa aufgrund voneinander abweichender technischer Normen und Rechtsvorschriften.[4]

Diese Gefahr wird durch Verfahren abgewehrt, die nach folgender Richtlinie verfasst sind: Richtlinie (EU) 2015/1535 über ein Informationsverfahren auf dem Gebiet der technischen Vorschriften und der Vorschriften für die Dienste der Informationsgesellschaft.

Die Verfahren waren aber zunächst noch nicht konkret genug, um den freien Warenverkehr zu gewährleisten.

4 vgl. Leitfaden für die Umsetzung der Produktvorschriften der EU 2022 („Blue Guide"), 1.1.3. Das „neue Konzept" und das „Gesamtkonzept". Blue Guide herunterladen: https://tinyurl.com/mrxmsevw

Das neue Konzept (New Approach)

Deshalb hat der Europäische Rat 1985 das neue Konzept beschlossen, das folgende Grundsätze enthält:

Vier Grundsätze

- Die **Harmonisierung der Rechtsvorschriften,** z.B. der europäischen CE-Rechtsvorschriften, beschränkt sich auf die Festlegung der wesentlichen Anforderungen. Die wesentlichen Anforderungen sind in den Anhängen der europäischen Richtlinien aufgeführt. Produkte, die im Bereich der Europäischen Union in Verkehr gebracht werden sollen, müssen den wesentlichen Anforderungen genügen. Nur wenn sie die erfüllen, gelten diese Produkte als sicher.
  Beispiel: Die wesentlichen Anforderungen an Maschinen im Sinne der Maschinenrichtlinie sind in dieser Richtlinie in Anhang I festgeschrieben.
- Die **wesentlichen Anforderungen,** die stets allgemein gehalten sind, werden durch harmonisierte Normen konkretisiert. Dadurch werden die Trennung und Unterscheidung von wesentlichen Anforderungen und harmonisierten Normen deutlich. Bei den wesentlichen Anforderungen geht es darum, **was** umgesetzt werden muss. Bei den harmonisierten Normen geht es um das **Wie,** also auf welchem technischen Weg sich die wesentlichen Anforderungen umsetzen lassen.
  Beispiel: Die Maschinenrichtlinie verlangt in Anhang I die Durchführung einer Risikobeurteilung, die EN ISO 12100 „Sicherheit von Maschinen – Allgemeine Gestaltungsleitsätze – Risikobeurteilung und Risikominderung" zeigt, wie diese konkret durchgeführt werden kann.
- Die **Anwendung harmonisierter Normen bleibt freiwillig.** Hersteller können andere, nicht harmonisierte Normen sowie technische Spezifikationen umsetzen, um den wesentlichen Anforderungen zu genügen.
- Für Produkte, die nach harmonisierten Normen hergestellt wurden, wird vermutet, dass sie die entsprechenden wesentlichen Anforderungen erfüllen. In diesem Fall wird vom Auslösen der **Konformitätsvermutung** gesprochen.

Auf diesen vier Grundsätzen basieren letztlich alle europäischen CE-Rechtsvorschriften – beeindruckend, nicht wahr?

Das Gesamtkonzept

Mit einer zeitlichen Verzögerung von vier Jahren hat der Europäische Rat 1989 dann auch das Gesamtkonzept beschlossen.

Vertrauen ist gut, Kontrolle besser

Frei nach dem Motto, dass Vertrauen gut, Kontrolle aber besser ist, wurden im Rahmen des Gesamtkonzepts Leitlinien für die Konformitätsbewertung – also für die Durchführung der CE-Kennzeichnung – aufgestellt.

Bei der Konformitätsbewertung geht es darum festzustellen, ob ein Produkt den wesentlichen Anforderungen genügt oder nicht.

Zur Konkretisierung der Anforderungen an die Konformitätsbewertung wurde das Gesamtkonzept durch die zwei Beschlüsse 90/683/EWG und 93/465/EWG aktualisiert und vervollständigt.

Diese Beschlüsse legen die allgemeinen Leitlinien und detaillierten Verfahrensweisen für die Konformitätsbewertung fest, die in den europäischen Richtlinien des neuen Konzepts verwendet werden.

Details zur Konformitätsbewertung und den Konformitätsbewertungsmodulen finden Sie in Kapitel 5 des Blue Guide mit dem Titel „Konformitätsbewertung".

Und das Beste zum Schluss: Der Beschluss 93/465/EWG vereinheitlicht zudem auch die Regeln für die Anbringung und Verwendung der CE-Kennzeichnung.

Wie bei Rechtsvorschriften leider oft üblich, war der erste Wurf nicht ganz fehlerfrei. Es gab und gibt Ungereimtheiten, Haken und Ösen.

Überarbeitung

Aus diesen Gründen müssen Rechtsvorschriften von Zeit zu Zeit überarbeitet werden. So auch das neue Konzept und das Gesamtkonzept, das nach der Überarbeitung als sogenanntes New Legislative Framework veröffentlicht wurde. Den folgenden Abschnitt dazu sollten Sie jetzt lesen.

Das New Legislative Framework (NLF)

„Das Bessere ist der Feind des Guten", sprach einst Voltaire.

Auf das New Legislative Framework (NLF) übertragen bedeutet dies, dass es die Zielsetzungen des neuen Konzepts und des Gesamtkonzepts sowie bestimmte europäische Richtlinien aneinander angleichen soll.

Oder anders ausgedrückt: Das neue Konzept und das Gesamtkonzept als Betriebssystem, auf dem europäische Richtlinien laufen, erfuhren ein Upgrade in Form des New Legislative Framework.

Um was geht es?

Konkret geht es um die Verordnung 765/2008/EG[5] und den Beschluss 768/2008/EG, die das New Legislative Framework bilden.

In der Verordnung sind folgende Aspekte geregelt:

1. Organisation und Durchführung der Akkreditierung von Konformitätsbewertungsstellen, die Konformitätsbewertungstätigkeiten durchführen
2. Rahmen für die Marktüberwachung von Produkten, damit sichergestellt ist, dass diese Produkte Anforderungen an ein hohes Schutzniveau in Bezug auf öffentliche Interessen wie Gesundheit und Sicherheit im Allgemeinen, Gesundheit und Sicherheit am Arbeitsplatz, Verbraucher- und Umweltschutz sowie Sicherheit erfüllen
3. Kontrolle von Produkten aus Drittstaaten, zu denen sich mit dem Brexit das Vereinigte Königreich hinzugesellt hat
4. allgemeine Grundsätze zur CE-Kennzeichnung

Angleichung

Im Beschluss hingegen ist geregelt, in welchen Bereichen europäische Richtlinien eine Angleichung erfahren sollen.

5 Verordnung (EG) Nr. 765/2008 des Europäischen Parlaments und des Rates vom 9. Juli 2008 über die Vorschriften für die Akkreditierung und Marktüberwachung im Zusammenhang mit der Vermarktung von Produkten und zur Aufhebung der Verordnung (EWG) Nr. 339/93 des Rates

Diese sind:

- Begrifflichkeiten
- Verpflichtung der Wirtschaftsakteure, z.B. die Verpflichtung der Hersteller zur Durchführung der Risikobeurteilung und Erstellung der Betriebsanleitung für ihre Produkte
- Anforderungen an die Rückverfolgbarkeit
- Konformitätsbewertungsstellen und -verfahren

Mittlerweile wurden verschiedene europäische CE-Rechtsvorschriften an das New Legislative Framework angepasst, z.B. die EMV-Richtlinie 2014/30/EU und die Niederspannungsrichtlinie 2014/35/EU. Diesen „droht" aber bereits die nächste Überarbeitung – warten wir es ab.

Die Maschinenrichtlinie 2006/42/EG wurde bis dato nicht an das New Legislative Framework angepasst. Allerdings wurde am 29.06.2023 die Verordnung (EU) 2023/1230 über Maschinen im Amtsblatt der EU veröffentlicht – ich habe im Vorwort darüber berichtet. Bei dieser Verordnung wurde die Anpassung an das New Legislative Framework vorgenommen.

5 CE-Kennzeichnung in der Europäischen Union, im EWR, in der Schweiz, der Türkei und im Rest der Welt

Kurz und knackig: Die CE-Kennzeichnung ist Pflicht in allen Mitgliedstaaten der Europäischen Union. Sie gilt allerdings nur für solche Produkte, die vom Anwendungsbereich einer oder mehrerer CE-Rechtsvorschriften erfasst werden.

Inwieweit die CE-Kennzeichnung Pflicht ist in den EFTA-Staaten und in der Türkei, wird durch entsprechende nationale Rechtsvorschriften geregelt.

Die Europäische Union, der EWR und die EFTA

Die Idee, dass Produkte[6] zu den gleichen rechtlichen Bedingungen in der gesamten Europäischen Union vertrieben werden können, erleichtert den Wirtschaftsakteuren[7] den Handel mit diesen Produkten.

CE-Kennzeichnung als Reisepass

Und hier kommt auch schon die CE-Kennzeichnung ins Spiel. Sie ist quasi der Reisepass für Produkte, der die Teilnahme am freien Warenverkehr erst ermöglicht.

Und wohin können Produkte mit CE-Kennzeichnung reisen?

6 Definition gem. Art. 3 allgemeine Produktsicherheitsverordnung Nr. 1: „„Produkt" [bezeichnet] jeden Gegenstand, der für sich allein oder in Verbindung mit anderen Gegenständen entgeltlich oder unentgeltlich – auch im Rahmen der Erbringung einer Dienstleistung – geliefert oder bereitgestellt wird und für Verbraucher bestimmt ist oder unter vernünftigerweise vorhersehbaren Bedingungen wahrscheinlich von Verbrauchern benutzt wird, selbst wenn er nicht für diese bestimmt ist."

7 Hersteller, Händler, Einführer, Bevollmächtigte

Die folgende Grafik zeigt den Wirtschaftsraum, der die gegenwärtigen Mitgliedstaaten der Europäischen Union, die Bewerberländer und die übrigen Länder in Europa abbildet.

Bildnachweis: Alexrk2, Wikimedia Commons, lizenziert unter CreativeCommons-Lizenz by-sa-2.0-de, URL: http://creativecommons.org/licenses/by-sa/2.0/de/legalcode

Einige Staaten in Europa gehören ja bekanntermaßen nicht zur Europäischen Union. Da sie aber nicht wirtschaftlich isoliert sein wollen, sind sie im Europäischen Wirtschaftsraum (EWR) vertreten.

Europäische Freihandelszone (EFTA)

Der EWR umfasst die Europäische Union und die Europäische Freihandelszone (EFTA).

Bis heute gehören der EFTA die Schweiz, Liechtenstein, Norwegen und Island an. Ein 1992 geschlossenes Abkommen garantiert u.a. den freien Warenverkehr und damit die Geltung der CE-Kennzeichnung im EWR.

Dieses Abkommen wurde von der Schweiz allerdings nicht ratifiziert, weshalb sie zwar weiterhin EFTA-Mitglied ist, die Regeln des europäischen Binnenmarkts jedoch nicht anerkannt hat.

Die Schweiz wäre aber nicht die Schweiz, wenn es nicht eine anderweitige Regelung zur Teilnahme am freien Warenverkehr in Europa gäbe.

Die Schweiz

Die Schweiz ist in Bezug auf den freien Warenverkehr keineswegs von der Europäischen Union isoliert.

Dank eines entsprechenden Abkommens, eines sogenannten Mutual Recognition Agreement, zwischen der Schweiz und der Europäischen Union ist der freie Warenverkehr zwischen den Vertragsparteien gewährleistet. Wenn Sie sich ins Detail vertiefen wollen, können Sie das mithilfe des Blue Guide (2022) in Abschnitt 9.2.2 tun: „Abkommen EU-Schweiz über die gegenseitige Anerkennung".

Und da die Schweiz neben anderen europäischen CE-Rechtsvorschriften die Maschinenrichtlinie 2006/42/EG in der nationalen Schweizer Maschinenverordnung (MaschV) umgesetzt hat, gilt über diesen Weg auch in der Schweiz die europäische Maschinenrichtlinie.

Fazit

In Bezug auf die CE-Kennzeichnung wird die Schweiz wie ein **„Quasimitgliedstaat"** der Europäischen Union behandelt. Gleichwohl verlangt die Schweizer MaschV nicht die CE-Kennzeichnung von Produkten. Sie verbietet sie aber auch nicht.

Die Türkei

Der Türkei wird zwar seit Jahren der Beitritt zur Europäischen Union verwehrt – allerdings gibt es auch zwischen der Europäischen Union und der Türkei entsprechende Abkommen zur Gewährleistung des freien Warenverkehrs.

Und da die Türkei unter anderem die Maschinenrichtlinie 2006/42/EG in einem nationalen Gesetz, dem „MAKİNA EMNİYETİ YÖNETMELİĞİ" (2006/42/AT), umgesetzt hat, gilt auch in der Türkei die CE-Kennzeichnung.

Fazit

In Bezug auf die CE-Kennzeichnung wird die Türkei wie ein **„Quasimitgliedstaat"** der Europäischen Union behandelt. Wenn Sie sich ins Detail vertiefen wollen, können Sie das mithilfe des Blue Guide (2022) in Abschnitt 2.9.4 „Türkei" tun.

Der Rest der Welt

In Bezug auf die CE-Kennzeichnung versteht man unter dem Rest der Welt alle Staaten außer dem EWR, der Schweiz und der Türkei.

Keine gesetzliche Gültigkeit

Im Rest der Welt hat die CE-Kennzeichnung keine gesetzliche Gültigkeit, allenfalls im Rahmen vertraglicher Regelungen, wobei diese nationalen Gesetzen nicht entgegenstehen dürfen.

Vereinigtes Königreich (UK)

Die Kennzeichnung spielt während der Übergangsphase bis 31.12.2024, 23 Uhr[8], noch eine Rolle in England, Wales und Schottland. In Nordirland gilt die CE-Kennzeichnung weiterhin, ggf. ergänzt um die UKNI-Kennzeichnung. Die folgende Tabelle gibt einen Überblick über die Anwendbarkeit der verschiedenen Kennzeichnungen.

8 Möglicherweise wird die CE-Kennzeichnung auch nach diesem Datum anerkannt. Mehr dazu im Vorwort zu diesem Fachbuch.

	Produkt	**Akzeptierte Kennzeichnung bzw. Kombination von Kennzeichnungen**
Inverkehrbringen von Produkten in Nordirland	Produkte werden in Nordirland unter Einschaltung einer EU-Konformitätsbewertungsstelle in Verkehr gebracht.	CE
	Produkte werden in Nordirland unter Einschaltung einer in Großbritannien ansässigen Konformitätsbewertungsstelle (UKMCBA) in Verkehr gebracht.	CE und UKNI
Inverkehrbringen von Produkten in Großbritannien (England, Wales, Schottland)	Fertigerzeugnisse werden bis Ende 2021 auf den britischen Markt gebracht.	UKCA oder CE
	ab dem 31.12.2024, 23 Uhr auf dem britischen Markt befindliche Fertigerzeugnisse	UKCA
Inverkehrbringen qualifizierter nordirischer Produkte in Großbritannien (uneingeschränkter Zugang)	Qualifizierte Waren aus Nordirland werden unter uneingeschränktem Zugang auf den britischen Markt gebracht.	CE oder CE und UKNI
Produkte auf dem EU-Markt in Verkehr bringen	Fertigerzeugnisse werden auf dem EU-Markt in Verkehr gebracht.	CE

Wenn Sie sich ins Detail vertiefen wollen, können Sie das mithilfe der UK-GOV-Website tun: www.gov.uk/business-and-industry/manufacturing

Zusammenfassung

Damit ist das Gebiet, in dem die CE-Kennzeichnung gilt, umrissen. In diesem Fachbuch befassen wir uns ausschließlich mit der CE-Kennzeichnung im Gebiet der Europäischen Union.

Wenn Sie Produkte in den Rest der Welt exportieren, kommen Sie aber nicht umhin, sich über die nationalen Vorschriften für den dortigen Marktzugang zu informieren.

Das sollte auch dem Vertrieb bewusst sein. Denn wenn eine Maschine statt in Frankreich in den USA in Verkehr gebracht werden soll, muss zumindest geklärt werden, ob sich in den USA die Anforderungen an die Maschinensicherheit von denen der CE-Rechtsvorschriften unterscheiden.

Gegebenenfalls muss die Maschine sicherheitstechnisch angepasst werden.

6 CE-Rechtsvorschriften

CE-Rechtsvorschriften sind europäische Richtlinien und Verordnungen.

Diese sind allgemein gehalten und geben vor, welche Sicherheits- und Gesundheitsschutzanforderungen bei der Konstruktion und Herstellung von Produkten umgesetzt werden müssen, damit die jeweiligen Produkte sicher sind.

Eine oft gestellte Frage in diesem Zusammenhang ist: „Wie viele europäische Richtlinien und Verordnungen gibt es eigentlich?"

Wie viele europäische Richtlinien und Verordnungen gibt es?

Leidgeprüfte werden vielleicht antworten: „Zu viele!"

Subjektiv betrachtet mag das stimmen. Objektiv gebe ich zu: Ich weiß es nicht.

Die Anzahl der europäischen Richtlinien und Verordnungen mag in die Tausende gehen. Ein Blick in das Amtsblatt der Europäischen Union mit seinen europäischen Richtlinien, harmonisierten Normen und anderen Rechtsvorschriften genügt, um wieder Gefallen an den einfachen Dingen des Lebens zu finden.

Bei Lichte betrachtet ist die Anzahl europäischer Richtlinien und Verordnungen aber gar nicht so dramatisch. In dieser Broschüre beschäftigen wir uns ausschließlich mit CE-Rechtsvorschriften. Und dadurch wird die Anzahl europäischer Rechtsvorschriften übersichtlicher.

Wir haben es nämlich Stand Juli 2023 und nach Ansicht des Verfassers mit 26 europäischen Richtlinien und Verordnungen zu tun, die eine CE-Kennzeichnung fordern – Tendenz steigend.

26 europäische Richtlinien und Verordnungen, die eine CE-Kennzeichnung fordern

Umsetzung europäischer Richtlinien in nationales Recht

Europäische Richtlinien sind nach deren Inkrafttreten zunächst nur für die Mitgliedstaaten des Europäischen Wirtschaftsraums (EWR) verbindlich. Darauf weist ein kleiner, recht unscheinbarer Satz hin, der sich unterhalb des jeweiligen Richtlinientitels versteckt: „Text von Bedeutung für den EWR"

Das bedeutet, dass die europäischen Richtlinien rechtsverbindlich sind für die Mitgliedstaaten, nicht jedoch für die Wirtschaftsakteure in den Mitgliedstaaten.

Festgelegte Fristen

Damit die europäischen Richtlinien rechtsverbindlich werden, müssen sie von den Mitgliedstaaten innerhalb festgelegter Fristen in nationales Gesetz umgesetzt werden. Dieser hoheitliche Akt liegt (noch) in den Händen der Mitgliedstaaten, auch wenn Brüssel liebend gerne in die nationale Gesetzgebung eingreifen würde.

Gelegentlich werden die Fristen zur Umsetzung von europäischen Richtlinien von den Mitgliedstaaten nicht eingehalten, was dann zu einem blauen Brief aus Brüssel führen kann.

Bei der Umsetzung in nationales Recht dürfen die Mitgliedstaaten nicht von der Vorgabe des Richtlinientexts abweichen. Die Absicht, die mit der jeweiligen Richtlinie verfolgt wird, muss in das jeweilige nationale Recht übernommen werden.

Deutschland

In Deutschland wird die Umsetzung von europäischen Richtlinien auf unterschiedlichen Wegen vollzogen:

- **Umsetzung in einem eigenen Gesetz**
  Beispiel: Die EMV-Richtlinie 2014/30/EU ist in Deutschland im Gesetz über die elektromagnetische Verträglichkeit von Betriebsmitteln (EMVG) umgesetzt. In diesem Fall ist streng genommen das Gesetz umzusetzen und nicht die Richtlinie, wobei es durchaus üblich ist, dass das Gesetz auf die zugrunde liegende Richtlinie verweist.

- **Übernahme in ein vorhandenes Gesetz**
  Beispiel: Im Zuge der sogenannten Schuldrechtsreform 2001 wurden in Deutschland drei europäische Richtlinien im Bürgerlichen Gesetzbuch (BGB) umgesetzt, das dadurch teilweise gravierende Änderungen erfahren hat.
- **Umsetzung als Verordnung zu einem bestehenden Gesetz**
  Beispiel: In Deutschland wurden 13 europäische Richtlinien als Verordnung zum Gesetz über die Bereitstellung von Produkten auf dem Markt (Produktsicherheitsgesetz – ProdSG) in nationales Recht umgesetzt, darunter z.B. die Maschinenrichtlinie 2006/42/EG, die in Deutschland mit folgender Verordnung in nationales Recht umgesetzt wurde: Neunte Verordnung zum Produktsicherheitsgesetz (Maschinenverordnung – 9. ProdSV)

Mitgliedstaaten des EWR

In den Mitgliedstaaten des EWR werden die europäischen Richtlinien mit CE-Kennzeichnungspflicht in anderen nationalen Gesetzen umgesetzt, die natürlich nur in dem jeweiligen Land gelten.

Ein Hersteller, der in Deutschland Produkte herstellt, die z.B. in Frankreich auf dem Markt bereitgestellt werden, setzt eben das Gesetz über die elektromagnetische Verträglichkeit von Betriebsmitteln (EMVG) um. Dieses gilt zwar nur in Deutschland. Da aber das EMVG auf der EMV-Richtlinie basiert, die wiederum auch in Frankreich gilt, ist alles im grünen Bereich. Die EMV-Richtlinie ist in Frankreich ebenfalls in einem nationalen Gesetz umgesetzt, das natürlich nur in Frankreich gilt. Ein französischer Hersteller setzt dann dieses Gesetz um, das wiederum auch auf der EMV-Richtlinie basiert.

Fazit

CE-Rechtsvorschriften sind **gesetzlich verbindlich.** Deshalb müssen sie umgesetzt werden, sobald ein Produkt vom Anwendungsbereich einer europäischen Richtlinie erfasst wird.

Europäische Verordnungen

Europäische Verordnungen müssen nicht in nationales Recht umgesetzt werden.

Beispiele:

- Verordnung (EU) 2023/1230 über Maschinen, anzuwenden ab 20.01.2027
- Verordnung (EU) 2016/425 über persönliche Schutzausrüstung, anzuwenden ab 21.04.2018
- Verordnung (EU) 2016/426 über Geräte zur Verbrennung gasförmiger Brennstoffe, anzuwenden ab 21.04.2018
- Verordnung (EU) 2019/1020 des Europäischen Parlaments und des Rates vom 20.06.2019 über Marktüberwachung und die Konformität von Produkten sowie zur Änderung der Richtlinie 2004/42/EG und der Verordnungen (EG) Nr. 765/2008 und (EU) Nr. 305/2011 (Text von Bedeutung für den EWR)

Gliederung von CE-Rechtsvorschriften

Bevor Sie einen Blick in die CE-Rechtsvorschriften riskieren, sollten Sie sich über ihre Gliederung informieren.

Zielgerichtet nach Informationen suchen

Danach wissen Sie, in welchem Abschnitt Sie welche Inhalte erwarten können, und können dann zielgerichtet nach Informationen suchen.

CE-Rechtsvorschriften[9] sind in folgende Abschnitte gegliedert:

- Erwägungsgründe
- verfügender Teil
- Anhänge

Erwägungsgründe

Die Erwägungsgründe begründen, warum die jeweilige CE-Rechtsvorschrift erlassen wurde.

9 Übersicht über EU-Richtlinien mit CE-Kennzeichnungspflicht: http://tinyurl.com/jfblczj

Immer gleicher Bandwurmsatz

Eingeleitet wird der Begründungsmarathon mit dem fast immer gleichen Bandwurmsatz:

„DAS EUROPÄISCHE PARLAMENT UND DER RAT DER EUROPÄISCHEN UNION – gestützt auf den Vertrag über die Arbeitsweise der Europäischen Union, insbesondere auf Artikel 114, auf Vorschlag der Europäischen Kommission, nach Zuleitung des Entwurfs des Gesetzgebungsakts an die nationalen Parlamente, nach Stellungnahme des Europäischen Wirtschafts- und Sozialausschusses, gemäß dem ordentlichen Gesetzgebungsverfahren, in Erwägung nachstehender Gründe: [...]"

Im Anschluss daran folgen die Erwägungsgründe.

Anzahl der Erwägungsgründe

Die Anzahl der Erwägungsgründe variiert in den CE-Rechtsvorschriften. Im Fall der Maschinenrichtlinie 2006/42/EG sind 30 Erwägungsgründe zusammengekommen. In der neuen Maschinenverordnung gibt es 86 Erwägungsgründe. Offenbar gab es viel in Erwägung zu ziehen.

In der neuen Maschinenverordnung stellt beispielsweise der dritte Erwägungsgrund klar, weshalb die Maschinenrichtlinie 2006/42/EG durch die neue Maschinenverordnung zu ersetzen war:

„Bei der Anwendung der Richtlinie 2006/42/EG zeigten sich Mängel und Unstimmigkeiten bei den Produkten, die in den Anwendungsbereich fallen, und bei den Konformitätsbewertungsverfahren. Daher ist es erforderlich, die Bestimmungen der genannten Richtlinie zu verbessern, zu vereinfachen und an die Bedürfnisse des Markts anzupassen sowie klare Regeln für den Rahmen festzulegen, in dem Produkte, die in den Anwendungsbereich dieser Verordnung fallen, auf dem Markt bereitgestellt werden können."

Wir haben also die Existenz der neuen Maschinenverordnung u.a. den Mängeln und Unstimmigkeiten zu verdanken, die bei der Anwendung der Maschinenrichtlinie bemerkt wurden.

Im Anschluss an den letzten Erwägungsgrund folgt der Brückenschlag zum verfügenden Teil.

Fazit Für das bessere Verständnis einer CE-Rechtsvorschrift ist es hilfreich, wenn man sich das Lesen der Erwägungsgründe antut. **Absolut notwendig** ist es hingegen **nicht.**

Verfügender Teil

Der Brückenschlag wird durch folgenden Satz vollzogen:

„HABEN FOLGENDE RICHTLINIE/VERORDNUNG ERLASSEN:"

Hand aufs Herz: Können Sie auf Anhieb sagen, wer mit „HABEN [...] ERLASSEN" gemeint ist?[10]

Im verfügenden Teil geht es ans „Eingemachte".

Artikel Er enthält Artikel, deren Anzahl variiert. So enthält z.B. die Maschinenrichtlinie 2006/42/EG 29 Artikel.

Die Verordnung (EU) 2023/1230 über Maschinen hat noch eine Schippe draufgelegt: Satte 54 Artikel füllen den verfügenden Teil. Offenbar nimmt die Brüsseler Lust am Verfügen zu.

Die Artikel enthalten u.a. Definitionen, mit deren Hilfe geprüft wird, ob ein Produkt vom Anwendungsbereich der jeweiligen CE-Rechtsvorschrift erfasst wird oder nicht. Wird ein Produkt vom Anwendungsbereich erfasst, muss die jeweilige CE-Rechtsvorschrift umgesetzt werden.

Ist ein Produkt vom Anwendungsbereich ausgeschlossen, darf die jeweilige CE-Rechtsvorschrift nicht umgesetzt werden. Sie kann gleichwohl auf ein Produkt angewandt werden, sofern dies sinnvoll ist. Allerdings darf dann nicht die Konformität zur angewandten CE-Rechtsvorschrift erklärt werden.

10 Richtig: Gemeint sind das Europäische Parlament und der Rat der Europäischen Union. Diese werden als Urheber für das Erlassen der jeweiligen CE-Rechtsvorschrift genannt.

Anwendungs- bzw. Geltungsbereich

In vielen CE-Rechtsvorschriften gibt es einen Artikel mit der Bezeichnung „Anwendungsbereich". Gelegentlich wird stattdessen der Begriff „Geltungsbereich" verwendet – Einheitlichkeit ist etwas anderes.

In der Maschinenrichtlinie sind z.B. sowohl der Anwendungsbereich als auch der Ausschluss vom Anwendungsbereich im verfügenden Teil in Art. 1 umrissen.

Art. 1 Abs. 1 listet auf, welche Produkte vom Anwendungsbereich der Maschinenrichtlinie erfasst werden. Abs. 2 führt alle Produkte auf, die vom Anwendungsbereich der Maschinenrichtlinie ausgeschlossen sind.

Anhänge

Die Anhänge sind gewissermaßen das Herz einer CE-Rechtsvorschrift.

Wesentliche Anforderungen

Die Anhänge enthalten die sogenannten wesentlichen Anforderungen. Diese müssen umgesetzt werden, wenn ein Produkt vom Anwendungsbereich einer CE-Rechtsvorschrift erfasst wird. Die Umsetzung der wesentlichen Anforderungen ist die Voraussetzung für sichere Produkte und das legale Inverkehrbringen oder Inbetriebnehmen eines Produkts.

Schutzziele

Die wesentlichen Anforderungen sind die Schutzziele, die je nach europäischer Rechtsvorschrift unterschiedlich ausfallen und deren Umsetzung sichere Produkte gewährleistet.

Die Schutzziele der Niederspannungsrichtlinie 2014/35/EU beispielsweise beziehen sich auf die elektrische Sicherheit, während die Schutzziele der Maschinenrichtlinie 2006/42/EG überwiegend die mechanische Sicherheit betreffen.

Die stets allgemein gehaltenen Schutzziele werden durch harmonisierte Normen konkretisiert.

Fazit

Das Lesen der verfügenden Teile und der Anhänge ist **Pflicht** – keine Kür.

Leitfäden

Das Lesen und Interpretieren von CE-Rechtsvorschriften ist nicht jedermanns Sache.

Deshalb sind für etliche CE-Rechtsvorschriften Leitfäden verfügbar.

Interpretation und Auslegung

Diese Leitfäden unterstützen Sie bei der Interpretation und Auslegung der jeweiligen zugrunde liegenden CE-Rechtsvorschrift.

Leitfäden helfen z.B. bei der Beantwortung folgender Fragen:

- Wird ein Produkt vom Anwendungsbereich einer europäischen Rechtsvorschrift erfasst oder nicht?
- Welche Amtssprachen gelten in der Europäischen Union und in welchen Mitgliedstaaten gelten welche Amtssprachen?
- Diese Frage ist z.B. bei der Erstellung und Übersetzung von Benutzerinformationen wie etwa Betriebsanleitungen von Bedeutung.
- Müssen für ein Produkt eine oder mehrere EU-Konformitätserklärungen ausgestellt werden?
- Muss ein Produkt mit dem CE-Kennzeichen versehen werden oder nicht?
- Oder, last, but not least, eine Frage, die den Maschinenbau immer wieder heftig bewegt: Wann muss eine Anlage[11] mit einem CE-Kennzeichen versehen und eine EU-Konformitätserklärung ausgestellt werden? Oder: Muss für eine umgebaute oder modernisierte Maschine die CE-Kennzeichnung erneut durchgeführt werden?

11 Der Begriff „Anlage" wird umgangssprachlich oft verwendet, ist jedoch nicht korrekt im Sinne der Maschinenrichtlinie 2006/42/EG. Diese kennt den Begriff nämlich nicht, sondern lediglich die „Gesamtheit von Maschinen" (Art. 2 „Begriffsbestimmung" Buchst. a vierter Spiegelstrich).

Die aktuellen Leitfäden können Sie kostenfrei herunterladen:

1. Öffnen Sie dazu die Website mit der Übersicht über die europäischen CE-Rechtsvorschriften:
   https://single-market-economy.ec.europa.eu/single-market/european-standards/harmonised-standards_en
2. Wählen Sie eine CE-Rechtsvorschrift, z.B. Low Voltage (LVD).
3. Im Abschnitt „Guide for application" klicken Sie auf den entsprechenden Link, um zum Download eines oder mehrerer Leitfäden zu gelangen.
4. Laden Sie den gewünschten Leitfaden herunter.
   Hinweis: Nicht alle Leitfäden sind in Deutsch verfügbar – in Englisch immer.

Die Sammlung mit Direktlinks zu den Leitfäden finden Sie im Blue Guide: Leitfaden für die Umsetzung der Produktvorschriften der EU 2022 („Blue Guide"), Anhang 2 – Zusätzliche Leitlinien.

Blue Guide herunterladen: https://tinyurl.com/mrxmsevw

Auswirkung der CE-Rechtsvorschriften

Wenn CE-Rechtsvorschriften bei der Konstruktion und beim Bau von Produkten umgesetzt werden müssen, hat das Auswirkungen.

Die Frage ist: worauf?

Die Auswirkungen beziehen sich auf die CE-Kennzeichnung, die folgende Aspekte umfasst:

- **Umsetzung der wesentlichen Anforderungen und damit Umsetzung der Schutzziele**
  Abhängig vom jeweiligen Produkt müssen unterschiedliche Schutzziele umgesetzt werden. Folgerichtig besteht der erste Schritt der CE-Kennzeichnung darin zu prüfen, welche CE-Rechtsvorschriften anzuwenden sind.

- **Normenwahl**
  Welche harmonisierten Normen umgesetzt werden können, hängt davon ab, welche CE-Rechtsvorschriften umgesetzt werden müssen.
- **Risikobeurteilung**
  Mehr oder weniger detaillierte Hinweise zur Durchführung der Risikobeurteilung finden sich in den CE-Rechtsvorschriften, die umgesetzt werden müssen.
- **Anleitung**
  Welche Anleitung erstellt wird und welche gesetzlichen Mindestinhalte diese enthalten muss, ist in den CE-Rechtsvorschriften geregelt.
- **Konformitätsbewertung**
  Ob und wie die Konformitätsbewertung durchzuführen ist, ist in den CE-Rechtsvorschriften geregelt.
- **EU-Konformitätserklärung**
  Ob eine EU-Konformitätserklärung und mit welchen gesetzlichen Mindestinhalten sie ausgestellt werden muss, ist in den CE-Rechtsvorschriften geregelt.
- **CE-Kennzeichnung aufbringen**
  Ob eine CE-Kennzeichnung aufgebracht werden und welche Zusatzinformationen diese ggf. enthalten muss, ist in den CE-Rechtsvorschriften geregelt.

Harmonisierte Normen

Harmonisierte Normen enthalten technische Spezifikationen, mit deren Hilfe die allgemein gehaltenen wesentlichen Anforderungen umgesetzt werden können, die in den CE-Rechtsvorschriften enthalten sind.

Harmonisierte Normen sind immer europäische Normen, erkennbar am Kürzel „EN" in der Normenbezeichnung.[12]

12 Identifizierende Informationen zu einer Norm werden auch als Fundstelle bezeichnet, die dann im Amtsblatt der Europäischen Union veröffentlicht wird. Eine Fundstelle umfasst folgende Informationen: Präfix (z.B. EN), Nummer, Ausgabedatum und Titel.

Beispiel: EN ISO 12100:2010„Sicherheit von Maschinen – Allgemeine Gestaltungsleitsätze – Risikobeurteilung und Risikominderung"

Wann ist eine Norm harmonisiert?

Allerdings ist nicht jede europäische Norm harmonisiert. Eine Norm ist harmonisiert, wenn folgende Punkte erfüllt sind:

- Erarbeitung einer Norm durch eine europäische Normungsorganisation, basierend auf einem Mandat der Europäischen Kommission. Europäische Normungsorganisationen sind: CEN[13], CENELEC[14] und ETSI[15]
- Umsetzung einer Norm als nationale Norm in den Mitgliedstaaten. Dabei darf die Norm nicht im Widerspruch zu anderen nationalen Normen stehen. Falls doch, müssen diese zurückgezogen werden.
- Erfüllung der wesentlichen Anforderungen der zugrunde liegenden CE-Rechtsvorschrift
- Veröffentlichung im Amtsblatt der Europäischen Union

Ein angenehmer Nebeneffekt ist die Tatsache, dass harmonisierte Normen die sogenannte Konformitätsvermutung auslösen.

Konformitätsvermutung

Das bedeutet, dass vermutet wird, dass bei der Umsetzung harmonisierter Normen die wesentlichen Anforderungen derjenigen CE-Rechtsvorschriften erfüllt sind, denen die jeweilige Norm zugeordnet ist.

Frage: Wer könnte diese Vermutung anstellen?

Antwort: eine Marktaufsichtsbehörde,[16] die **stichprobenartig** und vorzugsweise bei Herstellern prüft, ob deren Produkte die **wesentlichen** Anforderungen relevanter CE-Rechtsvorschriften erfüllen.

Sofern sich bei einer solchen Prüfung keine Anhaltspunkte für ein Fehlverhalten seitens des Herstellers ergeben, ist die Behörde berechtigt zu vermuten, dass aufgrund der Umsetzung harmoni-

13 CEN: Comité Européen de Normalisation
14 CENELEC: Comité Européen de Normalisation Électrotechnique
15 ETSI: European Telecommunications Standards Institute
16 Übersicht über Marktaufsichtsbehörden in Deutschland und der Europäischen Union: www.icsms.org

sierter Normen alles mit rechten Dingen zugegangen ist, mithin das betreffende Produkt sicher ist.

Empfehlung: harmonisierte Normen umsetzen!

Anders verhält es sich, wenn ein Hersteller keine oder nicht harmonisierte Normen zur Umsetzung der wesentlichen Anforderungen heranzieht. In diesem Fall vermutet die Behörde nicht zwingend, dass alles mit rechten Dingen zugegangen ist. Jetzt liegt es am Hersteller nachzuweisen, dass er die wesentlichen Anforderungen auch ohne die Umsetzung entsprechender harmonisierter Normen erreicht hat.

Wenn Sie beim Lesen der folgenden Absätze ein Déjà-vu haben, ist das ein gutes Zeichen. Das bedeutet nämlich, dass Sie dieses Kapitel von Beginn an gelesen haben. Bleibt das Déjà-vu aus, sollten Sie dieses Kapitel von vorne lesen.

Eine oft gestellte Frage ist:

„Wie viele harmonisierte Normen gibt es eigentlich?"

Leidgeprüfte werden vielleicht antworten: „Viel zu viele!"

Subjektiv betrachtet mag das stimmen. Objektiv gebe ich zu: Ich weiß es nicht.

Die Anzahl der harmonisierten Normen mag in die Tausende gehen. Ein Blick in das Amtsblatt der Europäischen Union mit seinen harmonisierten Normen und anderen Rechtsvorschriften genügt, um wieder Gefallen an den einfachen Dingen des Lebens zu finden.

Harmonisierte Normen und CE-Rechtsvorschriften

Wie weiter oben erwähnt, werden die wesentlichen Anforderungen von CE-Rechtsvorschriften durch harmonisierte Normen konkretisiert, wobei die Anwendung dieser Nomen freiwillig bleibt.

Tatsache ist jedenfalls, dass harmonisierte Normen fast immer eindeutig CE-Rechtsvorschriften zugeordnet sind.

Umsetzung der Schutzziele

Das ist überaus sinnvoll und auch naheliegend. Denn jede CE-Rechtsvorschrift verfolgt unterschiedliche Schutzziele, deren Umsetzung durch die harmonisierten Normen konkretisiert wird.

Die Schutzziele der Maschinenrichtlinie 2006/42/EG befassen sich z.B. überwiegend mit der mechanischen Sicherheit. Zugegeben, ein klitzekleiner Anteil an elektrischer Sicherheit ist auch dabei. Aber eben nur ein kleiner Teil.

Im Fall der Niederspannungsrichtlinie 2014/35/EU stellt sich die Situation komplett anders dar. Die wesentlichen Anforderungen beziehen sich ausschließlich auf die Schutzziele zur Herstellung der elektrischen Sicherheit – mit einem kleinen Fitzelchen an nicht elektrischen und mechanischen Gefährdungen.

Zuordnung

Bezogen auf die Zuordnung harmonisierter Normen zu CE-Rechtsvorschriften bedeutet dies, dass es z.B. eine Anzahl von Normen gibt, die ausschließlich der Maschinenrichtlinie 2006/42/EG zugeordnet sind.

Beispiel: EN ISO 12100:2010 „Sicherheit von Maschinen – Allgemeine Gestaltungsleitsätze – Risikobeurteilung und Risikominderung"

Andere Normen wiederum sind ausschließlich der Niederspannungsrichtlinie 2014/35/EU zugeordnet.

Beispiel: EN 60825-1:2014 „Sicherheit von Lasereinrichtungen – Teil 1: Klassifizierung von Anlagen und Anforderungen" (IEC 60825-1:2014)

Wer also mit Lasereinrichtungen nichts zu tun hat, muss sich mit dieser Norm auch nicht befassen.

Wie in anderen Zusammenhängen gilt auch hier: keine Regel ohne Ausnahme.

In der Tat gibt es harmonisierte Normen, die mehreren CE-Rechtsvorschriften zugeordnet sind.

Beispiel: Die Norm EN 60204-1:2018 „Sicherheit von Maschinen – Elektrische Ausrüstung von Maschinen – Teil 1: Allgemeine Anforderungen (IEC 60204-1:2016, modifiziert)“ ist sowohl der Maschinen- als auch der Niederspannungsrichtlinie zugeordnet. Das ist sinnvoll, weil sich die Maschinenrichtlinie 2006/42/EG, wenn auch in geringem Umfang, mit der elektrischen Sicherheit beschäftigt und die Niederspannungsrichtlinie 2014/35/EU zur Gänze.

Nicht harmonisierte Normen

Neben den harmonisierten Normen gibt es jede Menge nicht harmonisierter Normen. Diese haben durchaus ihre Daseinsberechtigung, allerdings keine Bedeutung im Rahmen der CE-Kennzeichnung.

A-, B- und C-Normen

Harmonisierte Normen zur Umsetzung der **Maschinensicherheit** sind in A-, B- und C-Normen unterteilt.

Was bedeutet die Unterteilung?

Was bedeutet die Unterteilung im Einzelnen? Hier hilft beispielsweise ein Blick in die EN ISO 12100:2010, die eine A-Norm und der Maschinenrichtlinie zugeordnet ist.

- **A-Norm:** Eine A-Norm ist eine Sicherheitsgrundnorm, die Grundbegriffe, Gestaltungsleitsätze und allgemeine Aspekte behandelt, die auf Maschinen angewandt werden können. Das bedeutet, dass es sich um eine **allgemeine Norm** handelt, die für alle Maschinen gleichermaßen gilt, solange diese Maschinen im Sinne der Maschinenrichtlinie sind.
- **B-Norm:** Eine B-Norm ist eine Sicherheitsfachgrundnorm, die einen Sicherheitsaspekt oder eine Art von Schutzeinrichtung behandelt, die für eine ganze Reihe von Maschinen verwendet werden kann. Die weitere Unterteilung in B1- und B2-Normen sei erwähnt, an dieser Stelle aber nicht näher ausgeführt. Somit

sind B-Normen nicht mehr für alle Maschinen, sondern **für eine Teilmenge von Maschinen zuständig.**

- **C-Norm:** Eine C-Norm ist eine Maschinensicherheitsnorm, die **detaillierte Sicherheitsanforderungen** an eine bestimmte Maschine oder Gruppe von Maschinen behandelt. Das bedeutet, dass C-Normen konkrete Hinweise zu folgenden Aspekten enthalten:
  - signifikante Gefährdungen, die vom jeweiligen Produkt ausgehen
  - Maßnahmenliste zur Vermeidung oder Reduzierung dieser Gefährdungen
    Diese Liste ist extrem hilfreich bei der Durchführung der Risikobeurteilung.
  - Hinweise, welche Informationen in eine Anleitung übernommen werden müssen
    Auch diese Hinweise sind extrem nützlich beim Verfassen von Anleitungen, vermeiden sie doch Schreibblockaden bei der Überlegung, mit welchen Inhalten das weiße Etwas auf dem Bildschirm gefüllt werden soll.

Gliederung harmonisierter Normen

Bevor Sie einen Blick in harmonisierte Normen riskieren, sollten Sie sich über deren Gliederung informieren. Danach wissen Sie, in welchem Abschnitt Sie welche Informationen erwarten können. Außerdem können Sie zielgerichtet nach Informationen suchen.

Dieser Satz kommt Ihnen bekannt vor? Natürlich, die gleiche Vorgehensweise gilt bei CE-Rechtsvorschriften.

Harmonisierte Normen sind in folgende Abschnitte gegliedert:

- Vorwort
- Einleitung
- Anhänge

Vorwort

Im Vorwort finden Sie Hinweise zu den Gremien, die mit der Ausarbeitung der Norm beschäftigt waren.

Außerdem finden Sie Hinweise darüber, welche Vorgängernorm durch die aktuelle Norm ersetzt wird, sowie die Anerkennungsnotiz.

Einleitung

In der Einleitung schlägt das eigentliche Herz der jeweiligen Norm. Unter anderem sind folgende Abschnitte wichtig:

- **Anwendungsbereich**
  Der Anwendungsbereich gibt Auskunft darüber, ob ein Produkt von der jeweiligen Norm erfasst wird oder nicht.
  Damit ist dieser Abschnitt genauso wichtig wie bei den CE-Rechtsvorschriften.
  Auch die Konsequenz ist dieselbe: Wird das Produkt vom Anwendungsbereich der Norm erfasst, kann die Norm umgesetzt werden. Zur Erinnerung: Sie muss nicht umgesetzt werden, die Umsetzung ist freiwillig.
  Ist das Produkt vom Anwendungsbereich der Norm ausgeschlossen, ist die Norm nicht umzusetzen.
- **Normative Verweisungen**
  Dieser Abschnitt verweist auf Normen, die für die Umsetzung der vorliegenden Norm erforderlich sind. Was auf den ersten Blick nach viel Arbeit aussieht, ist in Wirklichkeit sehr nützlich: Sie müssen sich lediglich von Norm zu Norm hangeln, sofern diese jeweils angewandt werden kann. Ebenfalls hilfreich sind normative Verweisungen im Fließtext von Normen. Hilfreich deshalb, weil sie in Bezug auf einen bestimmten Sachverhalt bereits auf die relevante Norm verweisen.
  Beispiel: In der EN ISO 12100 wird in Abschnitt 6.2.10 „Pneumatische und hydraulische Gefährdungen" auf folgende relevante Normen verwiesen: ISO 4413[17] und ISO 4414[18]
- **Begriffe**
  Dieser Abschnitt legt die Bedeutung von Begriffen fest, die in der Norm verwendet werden.
  Es ist unerlässlich, dass alle an der CE-Kennzeichnung Beteiligten einheitliche Begriffe verwenden, um Missverständnisse und Konfusion zu vermeiden.

17 EN ISO 4413:2010 „Fluidtechnik – Allgemeine Regeln und sicherheitstechnische Anforderungen an Hydraulikanlagen und deren Bauteile (ISO 4413:2010)"

18 EN ISO 4414:2010 „Fluidtechnik – Allgemeine Regeln und sicherheitstechnische Anforderungen an Pneumatikanlagen und deren Bauteile (ISO 4414:2010)"

Anhänge gibt es in den Ausprägungen normativ oder informativ. *Anhänge*

Entgegen der Vermutung, dass sich Anhänge stets am Ende einer Norm befinden, gibt es einige Normen, bei denen die Anhänge am Anfang der Norm zu finden sind. Von daher müsste man diese Anhänge eher als Vorhänge bezeichnen, was dann der Textilindustrie nicht gefallen dürfte.

Normative Anhänge können zwar ungemein informativ sein. Allerdings enthalten normative Anhänge Hinweise, die Sie nicht ignorieren sollten, weil Sie dadurch Nachteile erleiden könnten. Beispiel: Das Ignorieren der normativen Liste mit signifikanten Gefährdungen in einer C-Norm ist gleichbedeutend mit dem Ignorieren einer mit herrlich prickelndem Wasser gefüllten Wasserflasche in der Wüste.

Informative Anhänge sind, wie die Bezeichnung vermuten lässt, durchaus informativ. In Bezug auf den Inhalt der Norm handelt es sich aber lediglich um Zusatzinformationen, die Sie dennoch zur Kenntnis nehmen sollten. Grund: Insbesondere die ZZA- bzw. ZZB-Anhänge in harmonisierten Normen zeigen auf, welcher Zusammenhang besteht zwischen der vorliegenden harmonisierten Norm und den grundlegenden Anforderungen der zugrunde liegenden CE-Rechtsvorschrift. Genauer: Die Anhänge geben Auskunft darüber, welche Abschnitte einer harmonisierten Norm die grundlegenden Anforderungen der zugrunde liegenden CE-Rechtsvorschrift umsetzen. Da nur diese Abschnitte einer harmonisierten Norm die Vermutungswirkung auslösen, sollten die ZZA- bzw. ZZB-Anhänge nicht übergangen werden.

Auswirkung harmonisierter Normen

Wenn harmonisierte Normen bei der Konstruktion und beim Bau von Produkten umgesetzt werden, hat das Auswirkungen.

Die Frage ist: worauf? *Worauf?*

Die Auswirkungen beziehen sich auf bestimmte Aspekte der CE-Kennzeichnung:

- **Umsetzung der wesentlichen Anforderungen und damit der Schutzziele**
  Abhängig vom jeweiligen Produkt müssen unterschiedliche Schutzziele umgesetzt werden. Harmonisierte Normen können bei der Umsetzung helfen, insbesondere Produktnormen wie C-Normen im Maschinenbau. Sie enthalten detaillierte Lösungen für ein bestimmtes Produkt.
- **Risikobeurteilung**
  Normen enthalten Hinweise zur Durchführung der Risikobeurteilung und Risikominderung. So enthält die A-Norm EN ISO 12100:2010 den dreistufigen interaktiven Prozess der Risikominderung. C-Normen hingegen enthalten Hinweise auf Gefährdungen, die von einer bestimmten Maschine ausgehen, sowie Lösungen, wie diese Gefährdungen ausgeschaltet oder die damit verbundenen Risiken gemindert werden können.
  Beispiel: EN ISO 10218-1:2011 „Industrieroboter – Sicherheitsanforderungen – Teil 1: Roboter (ISO 10218-1:2011)". In Anhang A werden Gefahren aufgelistet, wie sie typischerweise von Industrierobotern ausgehen. Bei der Anwendung von C-Normen gilt: „Falls eine harmonisierte Norm nur einen Teil der vom Hersteller als wesentlich erachteten Anforderungen abdeckt, muss er zur Sicherung der Konformität mit den sonstigen wesentlichen Anforderungen der betreffenden Rechtsvorschrift auf andere technische Spezifikationen zurückgreifen oder wesentliche Anforderungen direkt anwenden. Ähnlich ist es, wenn ein Hersteller beschließt, nicht alle Bestimmungen einer harmonisierten Norm anzuwenden, die normalerweise eine Konformitätsvermutung begründen würde. In diesem Fall muss er auf der Grundlage seiner Risikobewertung in seinen technischen Unterlagen angeben, wie Konformität gesichert wird oder dass einschlägige wesentliche Anforderungen auf sein Produkt nicht anwendbar seien."
- **Erstellung einer Anleitung**
  Normen enthalten Hinweise, welche Mindestinhalte in einer Anleitung zu einem Produkt enthalten sein sollten. Dabei gibt es Normen, die für eine Vielzahl von Produkten Mindestinhalte

fordern wie beispielsweise die IEC/IEEE 82079-1.[19] Dann gibt es Normen, die für ein bestimmtes Produkt Mindestinhalte in einer Anleitung fordern wie beispielsweise die DIN EN ISO 20607[20], die auf Maschinen im Sinne der Maschinenrichtlinie 2006/42/EG angewandt werden sollte.

Zusammenfassung

Sie können Ihren Arbeitsaufwand reduzieren, wenn Sie bei der Frage, welche Normen angewandt werden können, zunächst sauber ermitteln, von welchem Anwendungsbereich welcher CE-Rechtsvorschrift Ihr Produkt erfasst wird.

Sie können nämlich die Normen links liegen lassen, deren zugrunde liegende CE-Rechtsvorschriften für Sie keine Bedeutung haben.

Arbeiten in der richtigen Reihenfolge lohnt sich also!

19 IEC/IEEE 82079-1:2019-05; ISO/IEC/IEEE 82079-1:2019-05 „Erstellen von Nutzungsinformationen (Gebrauchsanleitungen) für Produkte – Teil 1: Grundsätze und allgemeine Anforderungen"

20 DIN EN ISO 20607 „Sicherheit von Maschinen – Betriebsanleitung – Allgemeine Gestaltungsgrundsätze (ISO 20607:2019); Deutsche Fassung EN ISO 20607:2019"

7 CE-Kennzeichnung durchführen

Ein wichtiges Ziel im Prozess der CE-Kennzeichnung ist die Umsetzung der wesentlichen Anforderungen, wie sie in den Anhängen der CE-Rechtsvorschriften formuliert sind.

Ergebnis: sichere Produkte

Das Ergebnis sind sichere Produkte. Diese werden entweder in Verkehr gebracht oder für den Eigengebrauch[21] genutzt.

Die Durchführung der CE-Kennzeichnung ist in Abhängigkeit vom jeweiligen Produkt mehr oder weniger arbeitsintensiv.

Sie bedarf einer gründlichen Planung, Vorbereitung und sorgfältigen Umsetzung.

Die CE-Kennzeichnung umfasst folgende Stationen:

1. Produkteinstufung: CE-Rechtsvorschrift und harmonisierte Normen auf Relevanz prüfen
2. Risikobeurteilung durchführen
3. Betriebsanleitung erstellen
4. Konformität bewerten
5. EU-Konformitätserklärung ausstellen
6. CE-Kennzeichnung anbringen

Mit den Schritten 1 bis 4 werden die wesentlichen Anforderungen und damit die Schutzziele umgesetzt. Mit anderen Worten: Hier wird für Sicherheit gesorgt! Mit den Schritten 5 und 6 wird die Umsetzung bescheinigt.

Die nachfolgende Grafik begleitet Sie durch alle Stationen der CE-Kennzeichnung. Sie können stets erkennen, an welcher Station der CE-Kennzeichnung Sie sich gerade befinden.

21 z.B. Nutzung einer selbst konstruierten und gebauten Maschine in der eigenen Produktion zur Herstellung von Produkten

Stationen der CE-Kennzeichnung

1. Produkteinstufung:
   CE-Rechtsvorschriften und harmonisierte Normen auf Relevanz prüfen
2. Risikobeurteilung durchführen
3. Betriebsanleitung erstellen
4. Konformität bewerten
5. EU-Konformitätserklärung ausstellen
6. CE-Kennzeichnung anbringen

Softwaregestützte CE-Kennzeichnung mit „WEKA Manager CE"

Ordentliches Arbeiten erfordert immer auch ein ordentliches Werkzeug. Nicht anders ist es auch bei der CE-Kennzeichnung.

WEKA Media bietet mit dem „WEKA Manager CE" eine Software an, mit der Sie den CE-Prozess Schritt für Schritt durchführen können. Mit der Demoversion können Sie die Software 30 Tage ohne Funktionseinschränkung testen.

Download: www.weka-manager-ce.de/demoversion

Wie die einzelnen Schritte zur CE-Kennzeichnung in dieser Software abgebildet sind, erfahren Sie bereits hier am Ende jedes Abschnitts.

CE-Rechtsvorschriften und harmonisierte Normen auf Relevanz prüfen

Stationen der CE-Kennzeichnung

1. Produkteinstufung: CE-Rechtsvorschriften und harmonisierte Normen auf Relevanz prüfen
2. Risikobeurteilung durchführen
3. Betriebsanleitung erstellen
4. Konformität bewerten
5. EU-Konformitätserklärung ausstellen
6. CE-Kennzeichnung anbringen

Im Zusammenhang mit der Kennzeichnung interessieren uns:

- CE-Rechtsvorschriften bzw. deren entsprechende nationale Umsetzung
- harmonisierte Normen

Prüfung, welche CE-Rechtsvorschriften bzw. deren nationale Umsetzungen relevant sind

CE-Rechtsvorschriften bzw. deren nationale Umsetzungen sind das Fundament der CE-Kennzeichnung. Genauer: Sie sind die Basis für die Herstellung sicherer Produkte. Deshalb müssen Sie dafür Sorge tragen, dass das Fundament stabil gegründet wird, um möglichen Erschütterungen standzuhalten.

Erschütterungen werden z.B. von einer Marktaufsichtsbehörde verursacht, die prüft, ob Ihre Produkte tatsächlich den wesentlichen Anforderungen genügen und damit sicher sind. Sollte sich herausstellen, dass die wesentlichen Anforderungen nicht erfüllt sind, hätten Sie das betreffende Produkt nicht auf dem Markt bereitstellen dürfen.

Personenschäden

Deutlich heftigeren Erschütterungen dürfte Ihr CE-Fundament ausgesetzt sein, wenn Ihr Produkt aufgrund fehlender oder nicht ausreichender Sicherheit Personenschäden verursacht.

In beiden Fällen wird sich dann zeigen, ob Ihr CE-Fundament den Belastungen standhält oder ob Ihr CE-Konzept gleich einem Kartenhaus in sich zusammenfällt – mit üblen Konsequenzen, wie sie sich aus der Produkthaftung ergeben können.

Welche CE-Rechtsvorschriften müssen umgesetzt werden?

Deshalb muss im ersten Schritt der CE-Kennzeichnung geprüft werden, welche CE-Rechtsvorschriften bzw. deren nationale Umsetzungen bei der Konstruktion und Herstellung von Produkten umgesetzt werden müssen, genauer: welche wesentlichen Anforderungen und damit Schutzziele umgesetzt werden müssen.

Abgesehen davon wirken sich CE-Rechtsvorschriften bzw. deren nationale Umsetzungen auf folgende Punkte aus:

- **Normen:** Welche harmonisierten Normen helfen bei der Umsetzung der wesentlichen Anforderungen in CE-Rechtsvorschriften?
- **Risikobeurteilung:** Welche Aspekte müssen bei der Durchführung beachtet werden?

- **Betriebsanleitung:** Welche gesetzlichen Mindestinhalte muss eine Betriebsanleitung enthalten?
- **Konformitätsbewertung:** Wie muss die Übereinstimmung eines Produkts mit den relevanten CE-Rechtsvorschriften bewertet werden?
- **EU-Konformitätserklärung:** Welche gesetzlichen Mindestinhalte muss eine EU-Konformitätserklärung enthalten? Wer unterschreibt diese?
- **CE-Kennzeichnung:** Wo, wie und in welcher Ausführung und Größe muss die CE-Kennzeichnung aufgebracht werden?

Prüfung

Die Prüfung selbst ist denkbar einfach. Sie erfordert lediglich den Zugriff auf die CE-Rechtsvorschriften[22] bzw. deren nationale Umsetzungen[23] und ein wenig Zeit und Durchhaltevermögen.

Welche CE-Rechtsvorschrift bzw. deren nationale Umsetzung überhaupt in Betracht kommt, kann grob wie folgt abgeschätzt werden:

- Enthält ein Produkt **bewegliche Teile,** die miteinander verbunden sind, um eine Aufgabe zu erfüllen, und die nicht durch unmittelbare menschliche oder tierische Kraft, sondern durch ein Antriebssystem bewegt werden, kommt grundsätzlich die Maschinenrichtlinie bzw. deren nationale Umsetzung[24] in Betracht.
- Wird das vorgenannte Antriebssystem mit **elektrischer Energie** versorgt, ist die Niederspannungsrichtlinie bzw. deren nationale Umsetzung[25] nur einen Gedankenblitz entfernt.
- Und wo Strom fließt, sind auch **elektromagnetische Felder** nicht weit – damit rückt die EMV-Richtlinie bzw. deren nationale Umsetzung[26] in greifbare Nähe.

22 Übersicht über CE-Rechtsvorschriften mit Möglichkeit zum kostenlosen Herunterladen: http://tinyurl.com/jfblczj

23 Übersicht über deutsche Gesetze und Verordnungen mit Möglichkeit zum Herunterladen: www.gesetze-im-internet.de

24 Neunte Verordnung zum Produktsicherheitsgesetz (Maschinenverordnung – 9. ProdSV)

25 Erste Verordnung zum Produktsicherheitsgesetz (Verordnung über elektrische Betriebsmittel – 1. ProdSV)

26 Gesetz über die elektromagnetische Verträglichkeit von Betriebsmitteln (Elektromagnetische-Verträglichkeit-Gesetz – EMVG)

- Ist das Produkt ein **Elektro- bzw. Elektronikerzeugnis** im Sinne der RoHS-Richtlinie, muss ggf. diese bzw. deren nationale Umsetzung[27] eingehalten werden.
- Enthält ein Produkt hingegen **bewegte Teile,** die jedoch nur durch menschliche oder tierische Kraft bewegt werden, sollten Sie die Produktsicherheitsrichtlinie bzw. deren nationale Umsetzung[28] im Hinterkopf behalten, ohne aber die Maschinenrichtlinie aus den Augen zu verlieren.
- Wird dieses Produkt allerdings zum **Spielen** verwendet, kommt möglicherweise die Spielzeugrichtlinie bzw. deren nationale Umsetzung[29] zum Zug.
- Ist dieses Produkt jedoch ein **Boot** zur Durchführung sportlicher Aktivitäten, könnte es sich um ein Sportboot handeln, das dann vom Anwendungsbereich der Sportboote-Richtlinie bzw. deren nationaler Umsetzung[30] erfasst wird.

So weit klar? Wie erwähnt, ist das lediglich eine grobe Einschätzung, um überhaupt erst einmal zu ermitteln, welche europäischen Richtlinien bzw. Verordnungen herangezogen werden könnten.

Anwendungsbereich bzw. Geltungsbereich prüfen

Nach dem Groben das Feine. Jetzt wird konkret geprüft, ob das betrachtete Produkt vom Anwendungsbereich bzw. Geltungsbereich einer oder mehrerer CE-Rechtsvorschriften bzw. deren nationaler Umsetzungen erfasst wird.

Und so läuft die Prüfung ab:

27 Verordnung zur Beschränkung der Verwendung gefährlicher Stoffe in Elektro- und Elektronikgeräten (Elektro- und Elektronikgeräte-Stoff-Verordnung – ElektroStoffV)

28 Gesetz über die Bereitstellung von Produkten auf dem Markt (Produktsicherheitsgesetz – ProdSG)

29 Zweite Verordnung zum Produktsicherheitsgesetz (Verordnung über die Sicherheit von Spielzeug – 2. ProdSV)

30 Zehnte Verordnung zum Produktsicherheitsgesetz (Verordnung über Sportboote und Wassermotorräder – 10. ProdSV)

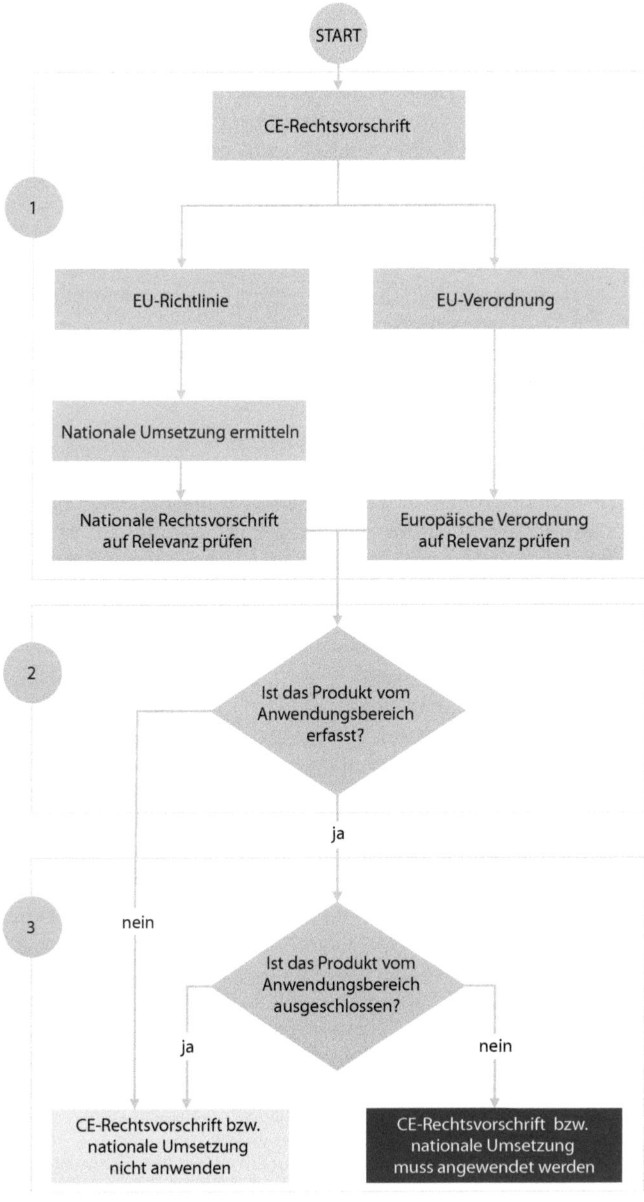
START
CE-Rechtsvorschrift
1
EU-Richtlinie
EU-Verordnung
Nationale Umsetzung ermitteln
Nationale Rechtsvorschrift auf Relevanz prüfen
Europäische Verordnung auf Relevanz prüfen
2
Ist das Produkt vom Anwendungsbereich erfasst?
ja
nein
3
Ist das Produkt vom Anwendungsbereich ausgeschlossen?
ja
nein
CE-Rechtsvorschrift bzw. nationale Umsetzung nicht anwenden
CE-Rechtsvorschrift bzw. nationale Umsetzung muss angewendet werden

1. **Feststellen, ob eine CE-Rechtsvorschrift oder deren nationale Umsetzung auf Relevanz geprüft werden muss**
   - Im Fall einer Richtlinie mit Kennzeichnungspflicht ist deren nationale Umsetzung zur Relevanzprüfung heranzuziehen, weil Letztere für Wirtschaftsakteure rechtsverbindlich ist.
   - Relevanzprüfung des EMVG[31] anstelle der EMV-Richtlinie oder der 9. ProdSV[32] anstelle der Maschinenrichtlinie
   - Im Fall einer Verordnung mit CE-Kennzeichnungspflicht ist diese Verordnung auf Relevanz zu prüfen, weil europäische Verordnungen mit CE-Kennzeichnungspflicht nicht in nationales Recht umgesetzt werden müssen und damit unmittelbar auch für Wirtschaftsakteure rechtsverbindlich sind.
2. **Prüfen, ob das betreffende Produkt vom Anwendungsbereich erfasst wird**
   Beispiel: Ein Elektromotor wird mit einer Eingangsspannung von 230 V versorgt. Grundsätzlich ist dieser Elektromotor vom Anwendungsbereich der Niederspannungsrichtlinie erfasst: Diese Richtlinie gilt für elektrische Betriebsmittel zur Verwendung bei einer Nennspannung zwischen 50 und 1.000 V für Wechselstrom und zwischen 75 und 1.500 V für Gleichstrom mit Ausnahme der Betriebsmittel und Bereiche, die in Anhang II aufgeführt sind.
3. **Prüfen, ob das betreffende Produkt vom Anwendungsbereich ausgenommen ist**
   Das bedeutet konkret: Finden Sie heraus, wo in der jeweiligen CE-Rechtsvorschrift oder in einem nationalen Gesetz die Produkte aufgeführt sind, die vom Anwendungsbereich – manchmal auch Geltungsbereich genannt – ausgenommen sind.
   Der vorgenannte Elektromotor könnte von der Niederspannungsrichtlinie ausgeschlossen sein, weil er für den Einsatz in explosionsfähiger Atmosphäre bestimmt ist. Danach ist er gemäß Niederspannungsrichtlinie 2014/30/EU Anhang II vom Geltungsbereich der Niederspannungsrichtlinie ausgenommen.
   Wenn ein Produkt **vom Anwendungsbereich ausgenommen** ist, darf die betreffende CE-Rechtsvorschrift oder das nationale Gesetz nicht umgesetzt werden. Stattdessen kommen mög-

31 Gesetz über die elektromagnetische Verträglichkeit von Betriebsmitteln (Elektromagnetische-Verträglichkeit-Gesetz – EMVG)

32 Neunte Verordnung zum Produktsicherheitsgesetz (Maschinenverordnung – 9. ProdSV)

licherweise andere CE-Rechtsvorschriften oder nationale Gesetze in Betracht.
Im Fall des vorgenannten Elektromotors kommt die ATEX-Richtlinie 2014/53/EU zum Zug. Sie enthält Anforderungen an den Explosionsschutz und die elektrische Sicherheit von Produkten, die dazu bestimmt sind, in explosionsfähiger Atmosphäre genutzt zu werden.

Da die CE-Rechtsvorschriften Schutzziele nur allgemein und nicht konkret beschreiben, muss im nächsten Schritt geprüft werden, welche harmonisierten Normen zur Konkretisierung umgesetzt werden können.

Das war doch gar nicht schwer, oder?

Prüfung, welche harmonisierten Normen umgesetzt werden können

Das Modalverb „können" bezieht sich auf die Tatsache, dass die Anwendung harmonisierter Normen freiwillig ist – im Gegensatz zu europäischen Rechtsvorschriften, die umgesetzt werden müssen, sobald ein Produkt vom Anwendungsbereich erfasst wird.

Nachdem Sie herausgefunden haben, welche CE-Rechtsvorschriften mit den entsprechenden Schutzzielen Sie umsetzen müssen, ermitteln Sie nun, wie Sie diese Schutzziele konkret umsetzen können.

Wie können Sie die Schutzziele konkret umsetzen?

Dabei unterstützen Sie harmonisierte Normen.

Ähnlich wie bei den CE-Rechtsvorschriften gibt es auch in den Normen einen Anwendungsbereich und einen Bereich mit Produkten, die vom Anwendungsbereich ausgenommen sind.

Abgesehen davon wirken sich Normen auf folgende Punkte aus:

- **Normen:** Auf welche anderen Normen wird verwiesen, die ebenfalls zur Anwendung kommen könnten? Verweise auf andere Normen finden sich üblicherweise im Abschnitt „Normative Verweisungen".

Beispiel: EN ISO 12100:2010 „Sicherheit von Maschinen – Allgemeine Gestaltungsleitsätze – Risikobeurteilung und Risikominderung" Abschn. 2 „Normative Verweisungen" mit dem Verweis auf EN 60204-1:2018 „Sicherheit von Maschinen – Elektrische Ausrüstungen von Maschinen – Teil 1: Allgemeine Anforderungen (IEC 60204-1:2016, modifiziert)"

- **Sichere Konstruktion:** Konkretisierung der Umsetzung der Schutzziele, wie sie von europäischen Richtlinien und Verordnungen gefordert werden
- **Risikobeurteilung:** Insbesondere C-Normen, die sogenannten Produktnormen, enthalten eine Auflistung der Gefährdungen, wie sie vom jeweiligen Produkt typischerweise ausgehen.
  Beispiel: EN ISO 10218-1:2011 „Industrieroboter – Sicherheitsanforderungen – Teil 1: Roboter" (ISO 10218-1:2011), Anhang A „Verzeichnis signifikanter Gefährdungen"
- **Betriebsanleitung:** mehr oder weniger detaillierte Hinweise auf die Inhalte einer Betriebsanleitung. Der Detaillierungsgrad hängt davon ab, ob es sich um eine A-, B- oder C-Norm handelt.
  Beispiel A-Norm: Allgemeine Hinweise für die Betriebsanleitung enthält die EN ISO 12100:2010 „Sicherheit von Maschinen – Allgemeine Gestaltungsleitsätze – Risikobeurteilung und Risikominderung" in Abschn. 6.4.5 „Begleitunterlagen (insbesondere – Betriebsanleitung)", die sich auf alle Produkte beziehen, auf die die EN ISO 12100:2010 angewandt werden kann.
  Beispiel B-Norm: Für Hersteller von Maschinen hochinteressant ist die EN ISO 20607:2019 „Sicherheit von Maschinen – Betriebsanleitung – Allgemeine Gestaltungsgrundsätze (ISO 206072019)". Diese Norm ist „state of the art"!
  Beispiel C-Norm: Detaillierte Hinweise für die Betriebsanleitung enthält die EN ISO 10218-1:2011 „Industrieroboter – Sicherheitsanforderungen – Teil 1: Roboter (ISO 10218-1:2011)" in Abschn. 6.2 „Betriebsanleitungen", die sich auf einen Industrieroboter beziehen.

Jetzt wird konkret geprüft, ob das betrachtete Produkt vom Anwendungsbereich einer oder mehrerer harmonisierter Normen erfasst wird.

Und so läuft die Prüfung ab:

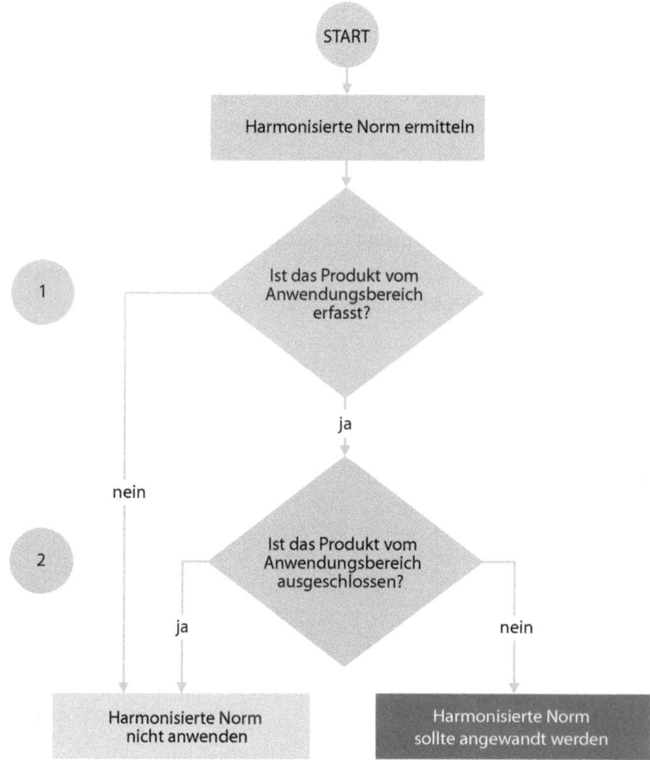

1. **Prüfen, ob das betreffende Produkt vom Anwendungsbereich erfasst wird**
   Wenn ein Produkt grundsätzlich vom Anwendungsbereich erfasst wird, bedeutet dies nicht, dass die jeweilige Norm angewandt werden kann. Vielmehr muss geprüft werden, ob das Produkt aus dem Anwendungsbereich fallen kann.
2. **Prüfen, ob das betreffende Produkt vom Anwendungsbereich ausgenommen ist**
   Das bedeutet konkret: Finden Sie heraus, wo in der jeweiligen harmonisierten Norm der Anwendungsbereich aufgeführt ist.

Lesen Sie den Anwendungsbereich sowie die Ausnahmen. Wenn ein Produkt vom Anwendungsbereich ausgenommen ist, kann die Norm beiseitegelegt werden. Stattdessen kommen möglicherweise andere Normen in Betracht.

Software „WEKA Manager CE"

Die Software „WEKA Manager CE" unterstützt Sie sowohl bei der Auswahl der relevanten CE-Rechtsvorschriften als auch bei der Recherche nach relevanten Normen.

Für die Richtlinienauswahl stehen Ihnen zu den typischen Richtlinien für Maschinen praktische Frage-Antwort-Assistenten zur Verfügung, mit denen Sie ganz einfach prüfen können, ob Ihr Produkt in den Anwendungsbereich einer Richtlinie fällt.

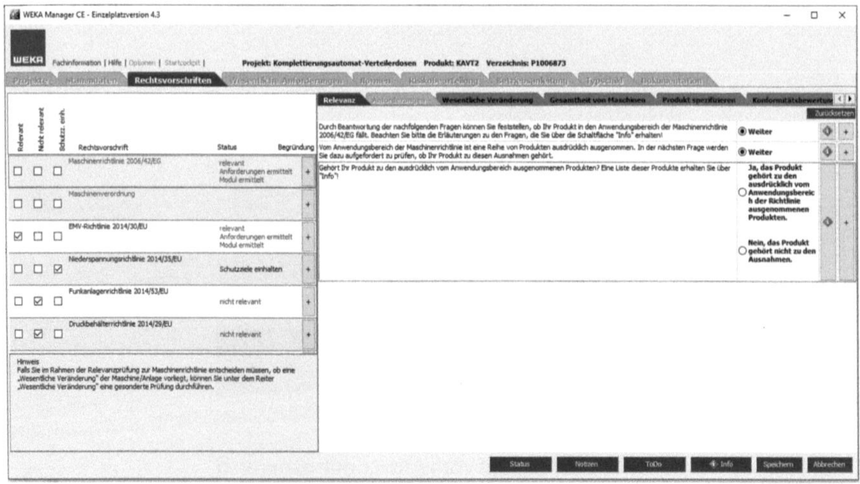

Für die Normenrecherche steht Ihnen eine Datenbank mit den bibliografischen Daten aller harmonisierten Normen zur Verfügung. Dort können Sie neben dem Normentitel auch immer aktuell sehen, bis wann eine Norm noch die Konformitätsvermutung auslöst oder ob es inzwischen eine neuere Nachfolgenorm gibt.

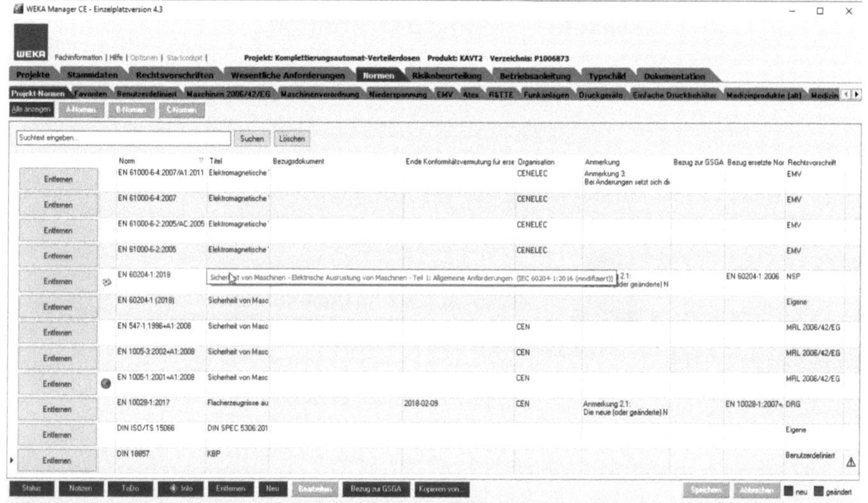

Risikobeurteilung durchführen

Stationen der CE-Kennzeichnung

1. Produkteinstufung: CE-Rechtsvorschriften und harmonisierte Normen auf Relevanz prüfen
2. Risikobeurteilung durchführen
3. Betriebsanleitung erstellen
4. Konformität bewerten
5. EU-Konformitätserklärung ausstellen
6. CE-Kennzeichnung anbringen

Ziel der Risikobeurteilung

Ziel der Risikobeurteilung ist es herauszufinden, welche Gefährdungen von einem Produkt mit welchen Risiken ausgehen, und festzulegen, welche Gegenmaßnahmen geeignet sind, diese Gefährdungen auszuschließen oder Risiken zu minimieren.

Sicher kennen Sie das Bonmot „Provisorien halten am längsten". Bei Gerüchten verhält es sich ähnlich.

Eines dieser Gerüchte besagt, dass die Risikobeurteilung erst seit Einführung der Maschinenrichtlinie 2006/42/EG durchgeführt werden muss.

Wie dieses Gerücht in Welt gekommen ist, entzieht sich meiner Kenntnis.

Risikobeurteilung als Voraussetzung für sichere Produkte

Fakt ist, dass schon in der Vorgängerrichtlinie 98/37/EG die Durchführung der Risikobeurteilung – seinerzeit noch als Gefahrenanalyse bezeichnet – zwingend vorgesehen war.

Im schönsten Amtsdeutsch ist dort in Anhang I Vorbemerkungen Nr. 3 zu lesen: „Der Hersteller ist verpflichtet, eine Gefahrenanalyse vorzunehmen, um alle mit seiner Maschine verbundenen Gefahren zu ermitteln […]"

Die Maschinenrichtlinie 2006/42/EG steht dem in nichts nach, genauso wenig wie die Verordnung (EU) 2023/1230 über Maschinen. So fordert die Maschinenrichtlinie 2006/42/EG im ersten allgemeinen Grundsatz in Anhang I: „Der Hersteller einer Maschine oder sein Bevollmächtigter hat dafür zu sorgen, dass eine Risikobeurteilung vorgenommen wird, um die für die Maschine geltenden Sicherheits- und Gesundheitsschutzanforderungen zu ermitteln. Die Maschine muss dann unter Berücksichtigung der Ergebnisse der Risikobeurteilung konstruiert und gebaut werden."

Die Maschinenverordnung (EU) 2023/1230 formuliert den Sachverhalt etwas anders, allerdings mit derselben Intention. So definiert sie in Anhang III Teil B erster allgemeiner Grundsatz: „Der Hersteller von Maschinen oder dazugehörigen Produkten hat dafür zu sorgen, dass eine Risikobeurteilung vorgenommen wird, um die für die Maschinen oder dazugehörigen Produkte geltenden grundlegenden Sicherheits- und Gesundheitsschutzanforderungen zu ermitteln. Die Maschine oder das dazugehörige Produkt muss dann unter Berücksichtigung der Ergebnisse der Risikobeurteilung so konstruiert und gebaut werden, dass Gefährdungen ausgeschlossen sind oder, falls dies nicht möglich ist, dass alle relevanten Risiken minimiert werden."

Wichtig in diesem Zusammenhang sind folgende Feststellungen:

- CE-Rechtsvorschriften wie z.B. die Maschinen-, Niederspannungs- und EMV-Richtlinie fordern zwar die Durchführung der Risikobeurteilung. Allerdings schweigen sie sich über das Wie vornehm aus. Das gilt jedenfalls für die Mehrzahl der CE-Rechtsvorschriften.

- Nicht alle CE-Rechtsvorschriften fordern die Durchführung einer Risikobeurteilung. Dazu zählen beispielsweise die RoHS-Richtlinie, die Lärmschutz- und die ErP-Richtlinie. Grund: Bei diesen Rechtsvorschriften handelt es sich nicht um Rechtsvorschriften, die den Schutz des Menschen zum Ziel haben, jedenfalls nicht direkt. So gibt z.B. die ErP-Richtlinie das Ziel vor, dass bestimmte Produkte energieeffizient sein müssen, d.h., sie sollen möglichst wenig Energie bei der Nutzung verbrauchen – auch bei der Nichtnutzung, z.B. im Stand-by-Modus.
- Last, but not least fordert die EMV-Richtlinie zwar die Durchführung einer Risikobeurteilung. Allerdings werden dabei nicht Gefahren für den Menschen aufgrund von EMV-Phänomenen betrachtet, wie vielfach irrtümlich vermutet, sondern Beeinträchtigungen von Elektro- bzw. Elektronikgeräten durch das EMV-Phänomen der Störaussendung.

Vorgaben, die beachtet werden müssen

Vorgaben über das Wie der Risikobeurteilung, die bei deren Durchführung zu beachten sind, enthält die Maschinenrichtlinie zumindest im groben Rahmen. Insofern sind alle Hersteller, die keine Maschinen konstruieren und bauen, gut beraten, sich bei der Maschinenrichtlinie Anregungen zur Risikobeurteilung zu holen, sofern eine Rechtsvorschrift mit CE-Kennzeichnungspflicht für die Nichtmaschine keine genaueren Vorgaben enthält.

Die Vorgaben zur Durchführung der Risikobeurteilung stehen in Anhang I „Allgemeine Grundsätze" Nr. 1:

- „die Grenzen der Maschine zu bestimmen, was ihre bestimmungsgemäße Verwendung und jede vernünftigerweise vorhersehbare Fehlanwendung einschließt"
- Grenzen sind gemäß EN ISO 12100:2010:
  - 5.3.2 Verwendungsgrenzen: bestimmungsgemäße Verwendung, vernünftigerweise vorhersehbare Fehlanwendung
  - 5.3.3 Räumliche Grenzen
  - 5.3.4 Zeitliche Grenzen, z.B. Einschaltdauer, Lebensdauer, Wartungsintervalle
  - 5.3.5 Weitere Grenzen, z.B. Umgebungsbedingungen wie Temperatur und Luftfeuchtigkeit

- „die Gefährdungen, die von der Maschine ausgehen können, und die damit verbundenen Gefährdungssituationen zu ermitteln"
- Die Gefährdungen sind für jede Lebensphase zu ermitteln, in der sich ein Produkt im Lauf seines Produktlebenszyklus befinden kann. Lebensphasen sind u.a.: Transport, Montage, Inbetriebnahme, Betrieb, Wartung, Reparatur, Demontage, Recycling.
- Die Gefährdungen sind mannigfaltiger Natur. Einen schönen Überblick über mögliche Gefährdungen liefert die EN ISO 12100:2010 in Anhang B Tabelle B1, die folgende Gefährdungsgruppen auflistet:
  - mechanische Gefährdungen
  - elektrische Gefährdungen
  - thermische Gefährdungen
  - Gefährdungen durch Lärm
  - Gefährdungen durch Vibration
  - Gefährdungen durch Strahlung
  - Gefährdungen durch Materialien und Substanzen
  - ergonomische Gefährdungen
  - Gefährdungen im Zusammenhang mit der Einsatzumgebung der Maschine
  - Kombination von Gefährdungen
- „die Risiken abzuschätzen unter Berücksichtigung der Schwere möglicher Verletzungen oder Gesundheitsschäden und der Wahrscheinlichkeit ihres Eintretens"
  Hierzu bemerkt die EN ISO 12100:2010:
  „Das Risiko ist eine Funktion aus Schadensausmaß und Eintrittswahrscheinlichkeit."
- „die Risiken zu bewerten, um zu ermitteln, ob eine Risikominderung gemäß dem Ziel dieser Richtlinie erforderlich ist"
- „die Gefährdungen auszuschalten oder durch Anwendung von Schutzmaßnahmen die mit diesen Gefährdungen verbundenen Risiken in der in Nummer 1.1.2 Buchstabe b festgelegten Rangfolge zu mindern"
- Diese Rangfolge stellt sich wie folgt dar:
  - Im ersten Schritt sind Gefährdungen durch eine inhärent sichere Konstruktion auszuschalten oder die mit diesen Gefährdungen verbundenen Risiken zu mindern, und zwar

ohne Verwendung von trennenden und nicht trennenden Schutzeinrichtungen.

- Erst im zweiten Schritt sind geeignete technische Schutzmaßnahmen anzuwenden.
- Bleiben dann Restrisiken übrig, wird im dritten Schritt vor diesen in der jeweiligen Anleitung gewarnt.

Vor Gefährdungen, die nicht gänzlich vermieden werden können und bei denen ein Restrisiko besteht, muss in der jeweiligen Anleitung gewarnt werden. Diese Warnhinweise beschreiben die Restgefahr und Maßnahmen, wie dieser Restgefahr wirkungsvoll entgegengetreten werden kann, sodass ein Personenschaden möglichst nicht eintritt.

C-Normen

Glücklich kann sich derjenige schätzen, für dessen Produkte sogenannte C-Normen verfügbar sind. Der Vorteil von C-Normen ist, dass sie für das jeweilige Produkt die produktspezifischen Gefährdungen auflisten. Diese müssen dann nicht mühsam in der EN ISO 12100:2010 zusammengesucht werden. Außerdem enthalten C-Normen bereits Lösungen, wie Gefährdungen ausgeschaltet oder deren Risiken reduziert werden können.

Dass C-Normen bei Lichte betrachtet nicht immer das halten, was sie scheinbar versprechen, steht auf einem anderen Blatt.

Festzuhalten ist, dass C-Normen in Bezug auf die Risikobeurteilung eine Hilfe sind – ohne Zweifel. Der Weisheit letzter Schluss sind sie nicht in jedem Fall. Kritisch hinterfragt werden sollten sie sowieso und Sie sollten auf keinen Fall das Denken einstellen, nur weil Ihnen eine C-Norm vorliegt.

Risikobeurteilung/ Betriebsanleitung

Ohne Risikobeurteilung kann keine rechts- und normenkonforme Betriebsanleitung erstellt werden.

Der Grund für diese Aussage liegt auf der Hand. Da die Risikobeurteilung vor der Konstruktion durchgeführt werden sollte, enthält die Risikobeurteilung zwangsläufig viele Informationen, die sich später in der Betriebsanleitung wiederfinden müssen.

Zu diesen Informationen zählen beispielsweise:

- Grenzen des Produkts, als da wären: Verwendungsgrenzen, Umgebungsgrenzen, zeitliche und räumliche Grenzen, stoffliche Grenzen usw.
- allgemeine Produkt- und Prozessbeschreibung
- Informationen aus Zulieferdokumentationen
- Restrisiken

Fragen und Antworten zur Risikobeurteilung

- **Wie wird das Verfahren bezeichnet, mit dem Gefährdungen ermittelt, eingeschätzt und bewertet werden und das vor der Konstruktion und Herstellung eines Produkts durchgeführt wird?**
  Das Verfahren heißt Risikobeurteilung und nicht Risikoanalyse oder Gefahrenanalyse oder Gefährdungsbeurteilung.
  Der Begriff „Risikobeurteilung" wird z.B. von der Maschinenrichtlinie 2006/42/EG vorgegeben und in der EN ISO 12100:2010 „Sicherheit von Maschinen – Allgemeine Gestaltungsleitsätze – Risikobeurteilung und Risikominderung" genauer definiert. Danach umfasst die Risikobeurteilung die Gefahrenanalyse und die Risikobewertung.
  Die Gefahrenanalyse wiederum enthält die Festlegung der Grenzen der Maschine sowie die Ermittlung und Einschätzung der Risiken.
  Die Risikobewertung ist die Beurteilung, ob die Risikominderung erreicht wurde.
- **Muss die Risikobeurteilung schriftlich verfasst werden?**
  Aus Gründen der Nachweisbarkeit sollte die Risikobeurteilung immer schriftlich verfasst werden. Abgesehen davon wird die schriftliche Dokumentation in CE-Rechtsvorschriften gesetzlich gefordert, z.B. in der Maschinenrichtlinie 2006/42/EG in Anhang VII Teil A und B.
- **Muss die Risikobeurteilung nach einem bestimmten oder gar gesetzlich vorgeschriebenen Verfahren durchgeführt werden?**
  Nein. Die Wahl des Verfahrens ist dem Hersteller überlassen.
  Allenfalls gibt es in europäischen Richtlinien Hinweise, welche Eckdaten bei der Durchführung einer Risikobeurteilung

berücksichtigt werden müssen. So enthält z.B. die Maschinenrichtlinie 2006/42/EG in Anhang I „Allgemeine Grundsätze" Nr. 1 fünf Punkte, die bei der Durchführung der Risikobeurteilung berücksichtigt werden müssen.

- **Wann soll die Risikobeurteilung durchgeführt werden?**
  Es soll Hersteller geben, die eine Risikobeurteilung am fertigen Produkt durchführen, das sich möglicherweise bereits im produktiven Einsatz befindet. So geht es nicht. Die Durchführung der Risikobeurteilung ist ein konstruktionsbegleitender Prozess. Dazu die EN ISO 12100: „Risikobeurteilung beginnt mit der Festlegung der Grenzen der Maschine."

Software „WEKA Manager CE"

Die Software „WEKA Manager CE" führt Sie Schritt für Schritt durch die Risikobeurteilung nach DIN EN ISO 12100. Der Katalog der Gefährdungsgruppen und -folgen ist hier komplett hinterlegt. Sie müssen nur noch die Gefahrenorte und die notwendigen Schutzmaßnahmen festlegen. Textbausteine und Kopierfunktionen helfen Ihnen dabei, bei ähnlichen Produkten oder Modifikationen schnell und effektiv zu arbeiten.

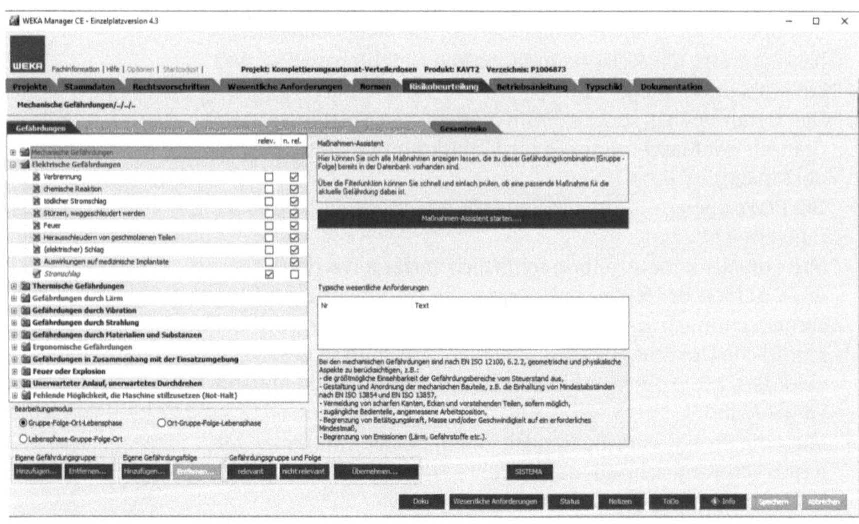

Betriebsanleitung erstellen

Stationen der CE-Kennzeichnung

1. Produkteinstufung: CE-Rechtsvorschriften und harmonisierte Normen auf Relevanz prüfen
2. Risikobeurteilung durchführen
3. Betriebsanleitung erstellen
4. Konformität bewerten
5. EU-Konformitätserklärung ausstellen
6. CE-Kennzeichnung anbringen

Böse Zungen behaupten ja, dass das Erstellen einer Betriebsanleitung nutzlos sei, weil „die ja sowieso keiner liest".

Natürlich werden Betriebsanleitungen gelesen. Spätestens dann, wenn aufgrund eines fehlerhaften Produkts ein Personenschaden eingetreten ist und ein vom Gericht bestellter Gutachter die Betriebsanleitung daraufhin prüft, ob vor der zum Unfall führenden Gefährdungssituation gewarnt und entsprechende Schutzmaßnahmen genannt wurden.

Haftung

Falls nicht, ziehen für den Hersteller des Produkts haftungstechnisch dunkle Wolken auf.[33]

Aber auch der eine oder andere Produktanwender wird sich durch die Seiten der jeweiligen Produktanleitung quälen.

Oberstes Ziel: sichere Nutzung des Produkts

Um es kurz zu machen: Nahezu jedes Produkt muss mit einer Anleitung versehen werden, damit das Produkt in allen seinen Lebensphasen sicher und gefahrlos genutzt werden kann.

Grundlage für diese Aussage ist das Produktsicherheitsgesetz. Dieses hat zwar nur indirekt mit der eigentlichen CE-Kennzeichnung zu tun. Allerdings werden nahezu alle Produkte vom Anwendungsbereich dieses Gesetzes erfasst. Deshalb fordert das Produktsicherheitsgesetz in § 3 „Allgemeine Anforderungen an die Bereitstellung von Produkten auf dem Markt" Abs. 4: „[...] ist bei der Bereitstellung auf dem Markt hierfür eine Gebrauchsanleitung in deutscher Sprache mitzuliefern, sofern in den Rechtsverordnungen nach § 8 keine anderen Regelungen vorgesehen sind."

Was bedeutet das im Klartext?

Wenn eine Rechtsvorschrift in Bezug auf das Erstellen einer Anleitung keine Vorgaben machen sollte, gilt in dieser Hinsicht das Produktsicherheitsgesetz.

Wenn jedoch eine CE-Rechtsvorschrift, wie etwa die Maschinenrichtlinie in Anhang I Nr. 1.7.4 „Betriebsanleitung", in Bezug auf das Erstellen einer Betriebsanleitung konkrete Vorgaben enthält, dann gilt in dieser Hinsicht die Maschinenrichtlinie und nicht das Produktsicherheitsgesetz, weil die Maschinenrichtlinie umfangreichere und detailliertere Anforderungen vorsieht als das Produktsicherheitsgesetz.

Man könnte das Produktsicherheitsgesetz deshalb auch als „Lückenfüller" bezeichnen, weil es Lücken in Rechtsvorschriften stopft.

33 vgl. § 3 ProdHaftG „Fehler": Fehler in der Darbietung, z.B. keine oder lückenhafte Anleitung, die den Sicherheitserwartungen nicht gerecht wird

Restgefahren und Maßnahmen

Mithin dienen Anleitungen der sicheren Anwendung von Produkten, da Anleitungen vor Restrisiken warnen und Maßnahmen enthalten, wie Benutzer sich vor diesen Restrisiken schützen können. Die Restrisiken werden der Risikobeurteilung entnommen.

Wie erwähnt, wirken sich CE-Rechtsvorschriften sowie harmonisierte Normen direkt auf das Erstellen von Anleitungen aus.

Bezeichnung

Die Auswirkungen beginnen bereits mit der banalen Frage, wie die Anleitung zu bezeichnen sei: „Betriebsanleitung", „Bedienungsanleitung", „Gebrauchsanleitung" oder „Gebrauchsanweisung" usw.

Juristen pflegen auf solche Fragen zu antworten: „Das kommt darauf an."

Hängt von der jeweiligen Rechtsvorschrift ab

Es kommt nämlich darauf an, von welchem Anwendungsbereich einer Rechtsvorschrift ein Produkt erfasst wird.

Beispiel 1: Wenn ein Produkt vom Anwendungsbereich des Produktsicherheitsgesetzes erfasst wird, wird eine „Gebrauchs- und Bedienungsanleitung" erstellt.

Beispiel 2: Die Maschinenrichtlinie enthält in Anhang I den Abschn. 1.7.4, der mit **„Betriebsanleitung"** bezeichnet ist.

Inhalte

Wichtiger als die Frage nach der Bezeichnung ist die Frage nach den Inhalten.

Welche Inhalte muss oder soll eine Betriebsanleitung enthalten?

Die Frage ist einfach zu beantworten.

Die gesetzlichen Mindestinhalte einer Betriebsanleitung ergeben sich aus den CE-Rechtsvorschriften.

Umfang und Detail der Mindestinhalte sind sehr unterschiedlich.

Allerdings sind diese gesetzlichen Mindestinhalte allgemein gehalten und müssen noch mit Details gefüllt werden.

Details ergeben sich aus den harmonisierten Normen

Die entsprechenden Anforderungen aus harmonisierten Normen wurden im ersten Schritt der CE-Kennzeichnung ermittelt.

Auch in diesem Fall gilt das grobe Prinzip: C-Norm sticht B-Norm sticht A-Norm.

Wenn Sie zu den Glücklichen gehören, für deren Produkte eine C-Norm existiert, kann ich Ihnen gratulieren. Diese enthält nämlich produktspezifische Inhalte. Sie müssen diese nur noch lesen und in eigenen Worten in der Betriebsanleitung niederschreiben.

Wenn Sie zu denen gehören, die vom Glück weniger verfolgt werden, müssen Sie Informationen aus B- und A-Normen ableiten. So enthält z.B. die EN ISO 12100:2010 in Abschn. 6.4.5 mehr oder weniger detaillierte Hinweise zur Betriebsanleitung.

Risikobeurteilung

Achtung, Déjà-vu: Bei der Erstellung der Betriebsanleitung wird die Risikobeurteilung immer dann benötigt, wenn vor Restrisiken gewarnt werden muss. Diese sind in der Risikobeurteilung enthalten. Ohne entsprechende Warnhinweise kann das jeweilige Produkt nicht sicher und gefahrlos genutzt werden.

DIN EN IEC/IEEE 82079-1

Wenn gar nichts mehr hilft, hilft immer noch die DIN EN IEC/IEEE 82079-1 „Erstellung von Nutzungsinformationen (Gebrauchsanleitungen) für Produkte – Teil 1: Grundsätze und allgemeine Anforderungen".

Übersetzung

Muss eine Betriebsanleitung in eine andere Sprache als die eigene Muttersprache übersetzt werden?

Legt man den oft erwähnten „gesunden Menschenverstand" als Maßstab an, kann die Antwort nur lauten: Ja.

Zur Erinnerung: Eine Betriebsanleitung verfolgt den Zweck der sicheren und gefahrlosen Anwendung von Produkten. Wenn der Inhalt einer Anleitung nicht verstanden wird, kann das Produkt nicht sicher und gefahrlos genutzt werden.

Gesetzliche Vorgaben

Da auf den „gesunden Menschenverstand" aber offenbar kein Verlass ist, hat der Gesetzgeber Vorgaben gemacht.

Konkret: Entweder greift das Produktsicherheitsgesetz, das in § 3 Abs. 4 Folgendes fordert: „[…] so ist bei der Bereitstellung auf dem Markt eine Gebrauchs- und Bedienungsanleitung für das Produkt in deutscher Sprache mitzuliefern, sofern in den Rechtsverordnungen nach § 8 keine anderen Regelungen vorgesehen sind." Dieser Passus greift natürlich nur in Deutschland.

Oder es greift eine Rechtsvorschrift wie z.B. die Maschinenrichtlinie, die in Anhang I Nr. 1.7.4 knallhart fordert: „Jeder Maschine muss eine Betriebsanleitung in der oder den Amtssprachen der Gemeinschaft des Mitgliedstaats beiliegen, in dem die Maschine in Verkehr gebracht und/oder in Betrieb genommen wird."

Das muss man sich auf der Zunge zergehen lassen: „in der oder den Amtssprachen". Das kann ein teures Vergnügen werden bei der Bereitstellung von Maschinen auf dem belgischen Markt. So klein das Land auch ist: Es verfügt immerhin über drei Amtssprachen (Deutsch, Französisch, Niederländisch).

Noch Fragen?

Dann lesen Sie einfach weiter.

Fragen und Antworten zur Erstellung von Betriebsanleitungen

- **Muss eine Betriebsanleitung in Papierform vorliegen oder genügt es, diese in elektronischer Form, z.B. als PDF-Datei, mitzuliefern?**
  Damit ein Produkt verkehrsfähig ist, muss es sicher sein. Ein Produkt ist nicht sicher, wenn die Anleitung nicht benutzbar ist. Eine elektronische Anleitung ist nicht in jedem Fall nutzbar. Insbesondere sind die Sicherheits- und Warnhinweise nicht ver-

fügbar, ohne die ein Produkt nicht sicher genutzt werden kann. Zudem geht die Rechtsprechung in vielen Fällen weiterhin von der Verfügbarkeit einer Anleitung in Papierform aus.
Gleichwohl kann auch eine rein digitale Betriebsanleitung verfasst werden, es kommt lediglich auf die Umstände an, z.B. auf die zu erwartende Infrastruktur für den Zugriff auf die digitale Betriebsanleitung.
Die Verordnung (EU) 2023/1230 über Maschinen bringt einen Paradigmenwechsel mit sich: Digitale Betriebsanleitungen sind dann ausdrücklich erlaubt, unter Einhaltung bestimmter Voraussetzungen natürlich.

- **Welche gesetzlichen Mindestinhalte müssen in einer Betriebsanleitung enthalten sein?**
  Das hängt davon ab, von welchen Rechtsvorschriften ein Produkt erfasst wird. Wird ein Produkt z.B. vom Anwendungsbereich der Maschinenrichtlinie erfasst, gelten die Mindestanforderungen von Anhang I Nr. 1.7.4 „Betriebsanleitung".
  Weitere Hinweise zu Inhalten einer Anleitung finden sich in europäischen und harmonisierten Normen, z.B. in der EN ISO 12100:2010. Dabei handelt es sich allerdings um eine A-Norm, deren Anforderungen allgemein gehalten sind, weil eine große Produktpalette abgedeckt werden muss. Detaillierte Hinweise finden sich in B- und C-Normen. Insbesondere die C-Normen enthalten produktspezifische Hinweise.
- **In welchen Rechtsvorschriften finden sich Hinweise, welche Inhalte in einer Betriebsanleitung vorhanden sein sollten?**
  grundsätzlich in CE-Rechtsvorschriften sowie europäischen harmonisierten Normen; außerdem in der klassischen Norm zur Erstellung von Anleitungen, der DIN EN IEC/IEEE 82079-1
- **In welcher Sprache muss eine Betriebsanleitung abgefasst werden?**
  innerhalb der Europäischen Union in einer der 24 offiziellen Amtssprachen
- **In welcher Sprache muss eine Betriebsanleitung geliefert werden?**
  gemäß Maschinenrichtlinie 2006/42/EG innerhalb der Europäischen Union in der Sprache des jeweiligen Verwendungslands
- **Muss eine Betriebsanleitung geliefert werden?**
  Ja. Entweder fordert dies eine CE-Rechtsvorschrift, z.B. die Maschinenrichtlinie in Anhang I Nr. 1.7.4 „Betriebsanleitung", oder,

falls eine CE-Rechtsvorschrift hierüber keine Angaben macht, das Produktsicherheitsgesetz.

- **Genügt es, eine Betriebsanleitung via Internet zum Herunterladen zur Verfügung zu stellen?**
  Die ausschließliche Bereitstellung via Internet ist in vielen Fällen nicht erlaubt, z.B. bei Maschinen.
  Die Maschinenverordnung (EU) 2023/1230 erlaubt auch die Bereitstellung per Download – unter Einhaltung bestimmter Voraussetzungen.

Software „WEKA Manager CE"

In der Software „WEKA Manager CE" sind fertige Gliederungen für Ihre Anleitungen hinterlegt. Stammdaten und ermittelte Restrisiken können Sie einfach und komfortabel in diese Gliederungen einspielen. Die Weiterbearbeitung der Anleitungen erfolgt dann über MS Word.

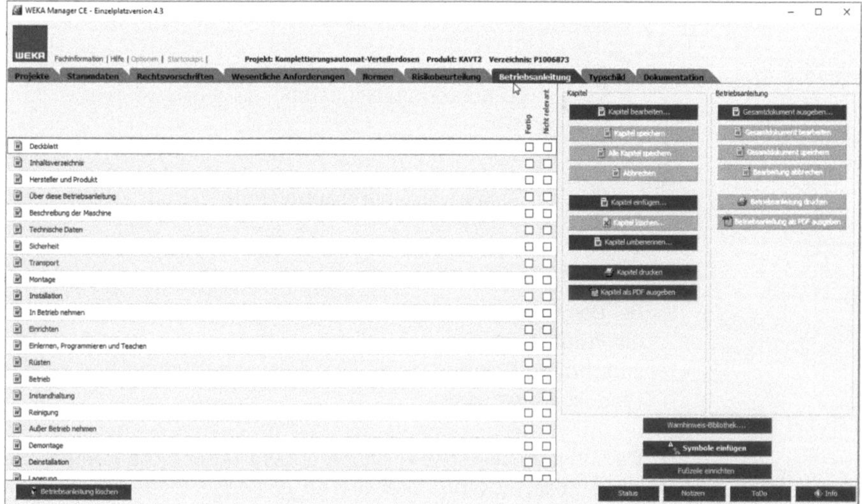

Konformität bewerten

Stationen der CE-Kennzeichnung

1. Produkteinstufung: CE-Rechtsvorschriften und harmonisierte Normen auf Relevanz prüfen
2. Risikobeurteilung durchführen
3. Betriebsanleitung erstellen
4. Konformität bewerten
5. EU-Konformitätserklärung ausstellen
6. CE-Kennzeichnung anbringen

Bei der Konformitätsbewertung geht es um die Feststellung, ob ein Produkt mit den wesentlichen Anforderungen der CE-Rechtsvorschriften übereinstimmt, von deren Anwendungsbereich das Produkt erfasst wird.

Da nun jede CE-Rechtsvorschrift andere wesentliche Anforderungen enthält, muss grundsätzlich für jede dieser CE-Rechtsvorschriften die jeweilige Konformitätsbewertung durchgeführt werden.

Natürlich gilt auch hier: keine Regel ohne Ausnahme. In Bezug auf die Konformitätsbewertung bei der Niederspannungs- und der Maschinenrichtlinie gibt es eine Ausnahme, die im folgenden

Abschnitt „Fragen und Antworten zur Konformitätsbewertung" behandelt ist.

Hersteller oder benannte Stelle

Die Konformitätsbewertung wird entweder vom Hersteller oder einer benannten Stelle durchgeführt. Im Gegensatz zur benannten Stelle sind die Hersteller befangen. Schließlich prüfen sie sich selbst, ob sie alles richtig gemacht haben. Bei einer benannten Stelle hingegen handelt es sich um ein von einem Hersteller unabhängiges, akkreditiertes Unternehmen, das Konformitätsbewertungen durchführt.

Skeptische Zungen können es sich nicht verkneifen zu erwähnen, dass auch benannte Stellen mitnichten unabhängig sind. Immerhin werden sie vom Hersteller beauftragt und bezahlt.

Überblick über die Verfahren

Wie muss man sich die Durchführung der Konformitätsbewertung vorstellen?

Der Blue Guide (2022) gibt in Kapitel 5 einen Überblick über die Durchführung der Konformitätsbewertung und deren unterschiedliche Module für CE-Rechtsvorschriften.

Die folgende Abbildung gibt eine Übersicht mit Beschreibung aller verfügbaren Konformitätsbewertungsmodule.

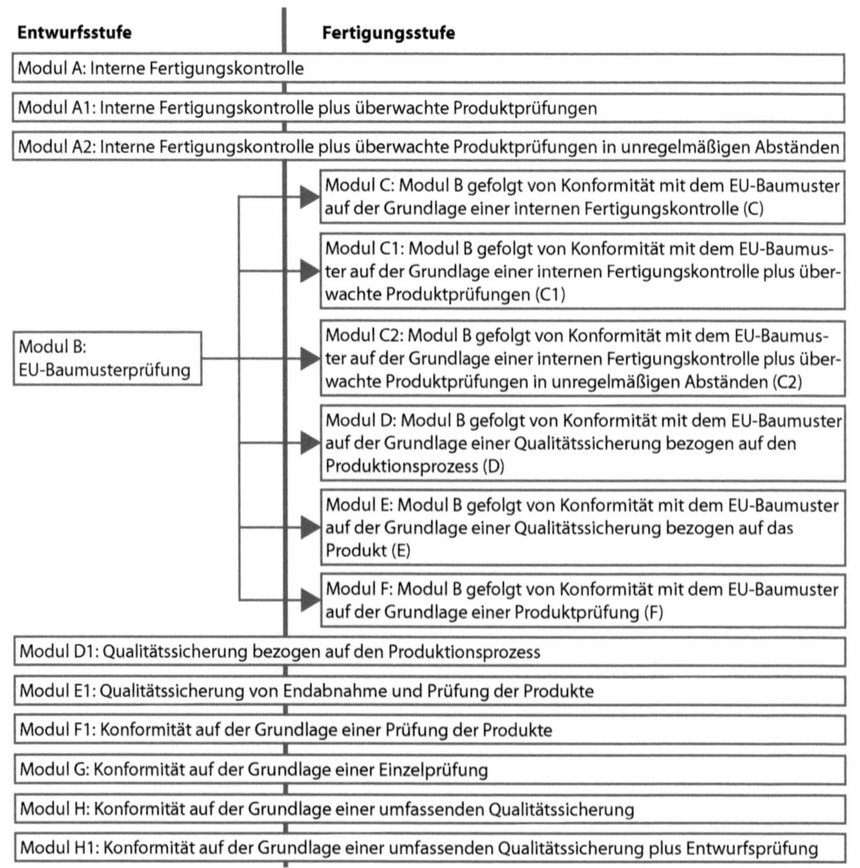

Ansonsten geben die CE-Rechtsvorschriften vor, wie die Konformitätsbewertung konkret durchzuführen ist.

Die Maschinenrichtlinie z.B. enthält gleich drei unterschiedliche Konformitätsbewertungsverfahren. Welches durchzuführen ist, hängt vom Produkt ab. Auskunft gibt Art. 12:

- Maschinen, die nicht in Anhang IV aufgeführt sind, werden gemäß Anhang VIII „Bewertung der Konformität mit interner Fertigungskontrolle bei der Herstellung von Maschinen" bewertet.
- Maschinen, die in Anhang IV aufgeführt sind und bei deren Konstruktion harmonisierte Normen angewandt wurden, können nach Wahl des Herstellers mit einem der drei unterschiedlichen Verfahren bewertet werden: nach dem Verfahren gemäß Anhang VIII „Bewertung der Konformität mit interner Fertigungskontrolle bei der Herstellung von Maschinen", Anhang IX „EG-Baumusterprüfung" oder Anhang X „Umfassende Qualitätssicherung".
- Maschinen, die in Anhang IV aufgeführt sind und bei deren Konstruktion keine harmonisierten Normen angewandt wurden, können nach Wahl des Herstellers mit einem der zwei unterschiedlichen Verfahren bewertet werden: nach dem Verfahren gemäß Anhang IX oder Anhang X.
- Die Verordnung (EU) 2023/1230 über Maschinen hält ein weiteres Modul bereit: Modul G „Konformität auf der Grundlage einer Einzelprüfung".

Fragen und Antworten zur Konformitätsbewertung

- **Wer führt die Konformitätsbewertung durch?**
  Wer die Konformitätsbewertung durchführt, ist in den CE-Rechtsvorschriften geregelt. Üblicherweise führt der Hersteller die Konformitätsbewertung durch. In bestimmten Fällen darf der Hersteller sie nicht durchführen, sondern muss eine sogenannte benannte Stelle damit beauftragen. Benannte Stellen gibt es viele. Auf den Nando-Seiten[34] der Europäischen Kommission kann länderbezogen und nach CE-Rechtsvorschriften nach benannten Stellen recherchiert werden.
- **Müssen mehrere Konformitätsbewertungen durchgeführt werden, wenn ein Produkt vom Anwendungsbereich mehrerer CE-Rechtsvorschriften erfasst wird?**
  Grundsätzlich ja. Der Grund hierfür ist einfach: Die CE-Rechtsvorschriften verfolgen unterschiedliche Schutzziele. Deshalb muss für jede zutreffende CE-Rechtsvorschrift die Konformität,

34 https://webgate.ec.europa.eu/single-market-compliance-space/#/notified-bodies

also die Übereinstimmung eines Produkts mit den jeweiligen Schutzzielen, bewertet werden.

Natürlich gilt auch hier wieder: keine Regel ohne Ausnahme. Im Zusammenhang mit der Maschinenrichtlinie ist nämlich alles anders. Beispiel: Eine mit Strom betriebene Maschine wird vom Anwendungsbereich der Maschinen-, der Niederspannungs- und der EMV-Richtlinie erfasst. Eigentlich müssten die Konformitätsbewertungen gemäß Maschinen-, Niederspannungs- und EMV-Richtlinie durchgeführt werden. Aber die Konformitätsbewertung wird in diesem Fall lediglich gemäß Maschinen- und EMV-Richtlinie durchgeführt.

Ursächlich für diese Ausnahme ist in Anhang I der Maschinenrichtlinie die Nr. 1.5.1 „Elektrische Energieversorgung". Diese besagt, dass zwar die Schutzziele der Niederspannungsrichtlinie einzuhalten sind. Die Bewertung der Konformität mit der Niederspannungsrichtlinie wird jedoch nicht gemäß dieser Richtlinie durchgeführt. Vielmehr ist die Prüfung der elektrischen Sicherheit mit der Durchführung der Konformitätsbewertung gemäß Maschinenrichtlinie abgedeckt.

Software „WEKA Manager CE"

In der Software „WEKA Manager CE" können Sie über einen Assistenten abprüfen, ob alle Anforderungen an das jeweilige Konformitätsbewertungsverfahren eingehalten worden sind.

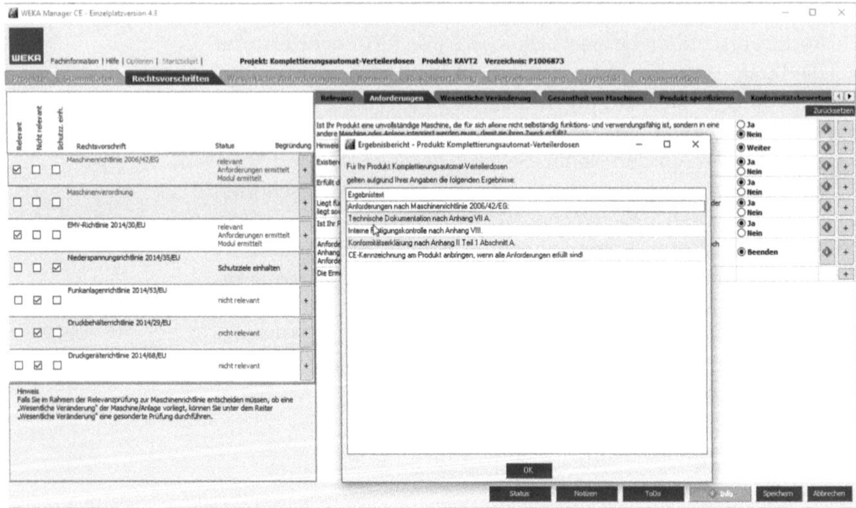

EU-Konformitätserklärung ausstellen

Stationen der CE-Kennzeichnung

1. Produkteinstufung: CE-Rechtsvorschriften und harmonisierte Normen auf Relevanz prüfen
2. Risikobeurteilung durchführen
3. Betriebsanleitung erstellen
4. Konformität bewerten
5. EU-Konformitätserklärung ausstellen
6. CE-Kennzeichnung anbringen

Vor dem letzten Schritt, der das Anbringen der CE-Kennzeichnung auf dem Produkt vorsieht, wird die EU-Konformitätserklärung für das jeweilige Produkt ausgestellt.

Getreu dem Sprichwort, dass der Laie sich wundert, wo der Fachmann staunt, bin ich immer wieder erstaunt, was Hersteller so alles in ihre EU-Konformitätserklärungen schreiben – und was nicht.

Besonders „gelungen" sind oft diejenigen EU-Konformitätserklärungen, bei denen ein Hersteller von einem anderen Hersteller abschreibt – dem Internet sei Dank. Immerhin wird die „geliehene" EU-Konformitätserklärung inhaltlich an das eigene Produkt angepasst, was die Sache aber nicht besser macht.

Meine Beobachtungen lassen sich folgendermaßen zusammenfassen: Das, was nicht gesetzlich drinstehen muss, schreiben Hersteller hingebungsvoll hinein. Und das, was gesetzlich gefordert wäre, wird im besten Fall stiefmütterlich behandelt und im schlechtesten Fall gar nicht aufgeführt.

Es ist ganz einfach

Dabei ist es doch ganz einfach: Wo „EU-Konformitätserklärung" draufsteht, muss auch eine EU-Konformitätserklärung drin sein.

Was grundsätzlich in der EU-Konformitätserklärung stehen muss, gibt der Beschluss 768/2008/EG über einen gemeinsamen Rechtsrahmen für die Vermarktung von Produkten vor:

ANHANG III EG-KONFORMITÄTSERKLÄRUNG

1. eine Kennnummer zur Identifizierung des Produkts
   Diese Nummer darf je Produkt nur einmal vergeben werden. Sie kann sich auf eine Produkt-, Chargen-, Typen- oder Seriennummer beziehen. Dies liegt im Ermessen des Herstellers.
2. der Name und die Anschrift des Herstellers oder seines Bevollmächtigten, der die Erklärung ausstellt
3. die Erklärung, dass der Hersteller die alleinige Verantwortung für die Ausstellung der Konformitätserklärung trägt
4. die Bezeichnung des Produkts zwecks Rückverfolgbarkeit
   Hierbei handelt es sich im Wesentlichen um maßgebliche Angaben ergänzend zu Punkt 1 zur Beschreibung und Rückverfolgbarkeit des Produkts. Falls es für die Identifizierung des Produkts relevant ist, kann auch ein Foto beigefügt werden, wobei dies dem Ermessen des Herstellers überlassen bleibt, sofern es in den Harmonisierungsrechtsvorschriften der Union nicht verbindlich vorgeschrieben ist.
5. alle CE-Rechtsvorschriften, mit denen Konformität hergestellt wurde unter
6. Angabe der einschlägigen harmonisierten Normen, die zugrunde gelegt wurden, oder Angabe der Spezifikationen, für die die Konformität erklärt wird
   Dies impliziert die Angabe der Version und/oder des Datums der einschlägigen Norm.

7. der Name und die Kennnummer der notifizierten Stelle(n), wenn diese am Konformitätsbewertungsverfahren beteiligt war(en), und ggf. Kennung der entsprechenden Bescheinigung
8. Datum der Ausstellung der Konformitätserklärung; Unterschrift und Funktion oder eine gleichwertige Kennzeichnung des Bevollmächtigten
   Dies kann jedes Datum nach Abschluss der Konformitätsbewertung sein.

Vorgenanntes gilt nicht für die Bauproduktenverordnung 305/2011/EU, die für Bauprodukte eine Leistungserklärung fordert. Es ist wie im richtigen Leben: Ausnahmen bestätigen die Regel.

Insofern bleibt nichts anderes übrig, als in die jeweilige CE-Rechtsvorschrift hineinzuschauen. Beim Hineinschauen darf es aber nicht bleiben, nein, es muss gelesen und das Gelesene umgesetzt werden!

Die Anforderungen finden Sie in den Anhängen

Die Anforderungen an die Mindestinhalte einer EU-Konformitätserklärung sind in den Anhängen geregelt. Da die CE-Rechtsvorschriften über eine unterschiedliche Anzahl von Anhängen verfügen, finden sich die Hinweise zur EU-Konformitätserklärung folgerichtig in unterschiedlichen Anhängen.

In der Niederspannungsrichtlinie sind die Mindestinhalte der EU-Konformitätserklärung z.B. in Anhang IV „EU-Konformitätserklärung (Nr. XXXX)" geregelt.

In der Maschinenrichtlinie 2006/42/EG hingegen sind die Anforderungen in Anhang II „Erklärungen" Teil 1 Abschn. A „EG-Konformitätserklärung für eine Maschine" beschrieben.

Gemäß Maschinenrichtlinie

Da die Maschinenrichtlinie nicht an den neuen Rechtsrahmen angepasst wurde, unterscheiden sich die Inhalte der EU-Konformitätserklärung ein wenig von denen im Beschluss 768/2008/EG.

Folgende Informationen sind zu geben:

1. Firmenbezeichnung und vollständige Anschrift des Herstellers und ggf. seines Bevollmächtigten
2. Name und Anschrift der Person, die bevollmächtigt ist, die technischen Unterlagen zusammenzustellen (diese Person muss in der Gemeinschaft ansässig sein)
3. Beschreibung und Identifizierung der Maschine, einschließlich allgemeiner Bezeichnung, Funktion, Modell, Typ, Seriennummer und Handelsbezeichnung
4. ein Satz, in dem ausdrücklich erklärt wird, dass die Maschine allen einschlägigen Bestimmungen dieser Richtlinie entspricht, und ggf. ein ähnlicher Satz, in dem die Übereinstimmung mit anderen Richtlinien und/oder einschlägigen Bestimmungen, denen die Maschine entspricht, erklärt wird (anzugeben sind die Referenzen laut Veröffentlichung im Amtsblatt der Europäischen Union)
5. ggf. Name, Anschrift und Kennnummer der benannten Stelle, die das in Anhang IX genannte EG-Baumusterprüfverfahren durchgeführt hat, sowie die Nummer der EG-Baumusterprüfbescheinigung
6. ggf. Name, Anschrift und Kennnummer der benannten Stelle, die das in Anhang X genannte umfassende Qualitätssicherungssystem genehmigt hat
7. ggf. die Fundstellen der angewandten harmonisierten Normen nach Art. 7 Abs. 2
8. ggf. die Fundstellen der angewandten sonstigen technischen Normen und Spezifikationen
9. Ort und Datum der Erklärung
10. Angaben zur Person, die zur Ausstellung dieser Erklärung im Namen des Herstellers oder seines Bevollmächtigten bevollmächtigt ist, sowie Unterschrift dieser Person

Bitte prüfen Sie anhand dieser Checkliste, ob Ihre EG-Konformitätserklärung gemäß Maschinenrichtlinie 2006/42/EG diesen Anforderungen entspricht.

Nebenbei: Mit der Maschinenverordnung (EU) 2023/1230 wurden die Inhalte der EU-Konformitätserklärung geändert. Einige Inhalte sind entfallen, andere hinzugekommen. Lesen Sie bei Bedarf nach, was sich geändert hat.

Tipp

Produkte mit CE-Kennzeichnungspflicht, die in die Schweiz eingeführt werden, bekommen keine EU-Konformitätserklärung, sondern schlicht eine Konformitätserklärung – ohne den Zusatz „EU“. Der Inhalt ist ansonsten identisch.

Fragen und Antworten zur EU-Konformitätserklärung

- **Was ist der Unterschied zwischen einer EU-Konformitäts- und einer Einbauerklärung?**
  Die Einbauerklärung wird ausschließlich für unvollständige Maschinen[35] ausgestellt. Diese fallen in den Anwendungsbereich der Maschinenrichtlinie 2006/42/EG. Von allen CE-Rechtsvorschriften ist die Maschinenrichtlinie die einzige, die zwei Arten von Erklärungen enthält: die Einbauerklärung für unvollständige Maschinen und die EU-Konformitätserklärung für Maschinen.
- **Wer darf eine EU-Konformitätserklärung unterschreiben?**
  derjenige, der zum Unterschreiben bevollmächtigt wurde
- **Muss jede EU-Konformitätserklärung handschriftlich unterschrieben werden?**
  Nein. EU-Konformitätserklärungen können z.B. mit einer eingescannten Unterschrift versehen werden.
- **Können für ein Produkt, das vom Anwendungsbereich mehrerer europäischer Richtlinien erfasst wird, auch mehrere EU-Konformitätserklärungen ausgestellt werden?**
  Ja. In den meisten Fällen ist dies jedoch nicht erforderlich. Dann wird nur eine EU-Konformitätserklärung ausgestellt, die die Übereinstimmung mit allen umgesetzten CE-Rechtsvorschriften erklärt.
- **Haftet derjenige, der die EU-Konformitätserklärung unterschreibt, für die Richtigkeit der Angaben?**
  Nein, eine Haftung ist mit der Unterschrift nicht gewollt und auch nicht verbunden. Gemäß Produkthaftungsgesetz haftet der Hersteller, nicht aber der Unterzeichner der EU-Konformitätserklärung.
- **Muss die EU-Konformitätserklärung in andere Sprachen übersetzt werden?**
  Ja. Dazu der Beschluss 768/2008/EG: „Sie wird in die Sprache bzw. Sprachen übersetzt, die von dem Mitgliedstaat vorge-

35 Definition „unvollständige Maschine“: Maschinenrichtlinie 2006/42/EG, Art. 2 Buchst. g)

schrieben wird/werden, in dem das Produkt in Verkehr gebracht wird bzw. auf dessen Markt das Produkt bereitgestellt wird."

- **Muss die EU-Konformitätserklärung dem Produkt beiliegen?**
  Das kommt darauf an, welche CE-Rechtsvorschriften umgesetzt wurden und was diese in diesem Punkt fordern. Dazu der Blue Guide (2022): „Außerdem ist gemäß den Richtlinien über Maschinen, Geräte und Systeme in explosionsgefährdeten Bereichen, über Funkanlagen, Messgeräte, Sportboote, Aufzüge, das Hochgeschwindigkeitsbahnsystem und das konventionelle Eisenbahnsystem und Komponenten des europäischen Flugverkehrsmanagementnetzes den Produkten die EU-Konformitätserklärung beizufügen."
  Bei allen anderen CE-Rechtsvorschriften muss die EU-Konformitätserklärung dem Produkt nicht beigelegt werden. Die Beilage ist aber auch nicht verboten und in einigen Fällen durchaus sinnvoll, weil mit der EU-Konformitätserklärung auch wichtige Informationen für nachgeschaltete Wirtschaftsakteure transportiert werden können, z.B. die Informationen über die Kategorie eines Druckgeräts nach Druckgeräterichtlinie 2014/68/EU. Für Hersteller von z.B. Baugruppen eine durchaus relevante Information.

Software „WEKA Manager CE"

Die Software „WEKA Manager CE" beinhaltet einen Assistenten, der Ihnen beim Erstellen einer richtlinienkonformen EU-Konformitätserklärung hilft. Schritt für Schritt werden alle Pflichtangaben abgefragt. So wird sichergestellt, dass Sie keine Angaben übersehen oder vergessen.

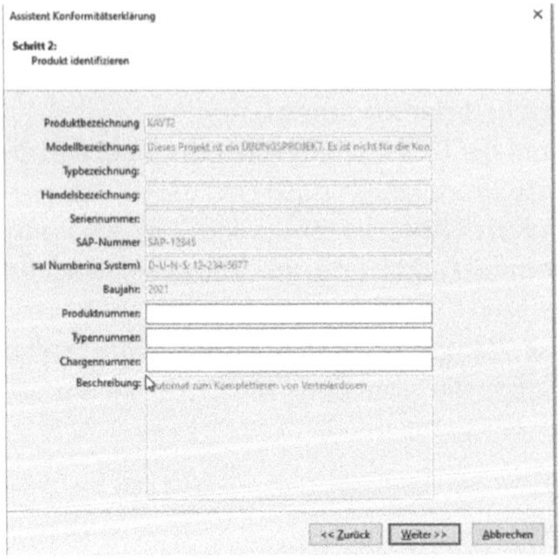

Assistent Konformitätserklärung
Schritt 2:
Produkt identifizieren
Produktbezeichnung
Modellbezeichnung: Dieses Projekt ist ein ÜBUNGSPROJEKT. Es ist nicht für die Kon
Typbezeichnung:
Handelsbezeichnung:
Seriennummer:
SAP-Nummer SAP-12345
sal Numbering System) D-U-N-S: 12-234-5677
Baujahr: 2021
Produktnummer:
Typennummer:
Chargennummer:
Beschreibung: Automat zum Komplettieren von Verteilerdosen
<< Zurück
Weiter >>
Abbrechen

CE-Kennzeichnung anbringen

Stationen der CE-Kennzeichnung	
1	Produkteinstufung: CE-Rechtsvorschriften und harmonisierte Normen auf Relevanz prüfen
2	Risikobeurteilung durchführen
3	Betriebsanleitung erstellen
4	Konformität bewerten
5	EU-Konformitätserklärung ausstellen
6	CE-Kennzeichnung anbringen

Jetzt haben Sie es so gut wie geschafft – und möglicherweise sind Sie auch geschafft von der CE-Kennzeichnung.

Wie auch immer: Wenn Sie an diesem Punkt angelangt sind, haben Sie das Gröbste überstanden.

Jetzt dürfen Sie mit vollem Recht die CE-Kennzeichnung auf dem Produkt anbringen, um dieses in Verkehr zu bringen oder für den Eigengebrauch zu nutzen.

Bestätigung gegenüber Behörden

Mit der CE-Kennzeichnung bestätigen Sie gegenüber Behörden wie z.B. der Marktaufsicht oder dem Zoll, dass Sie bei der Konstruktion und Herstellung die wesentlichen Anforderungen der zutreffenden CE-Rechtsvorschriften umgesetzt haben.

Die CE-Kennzeichnung besteht aus den Buchstaben „CE" und muss folgendes Schriftbild aufweisen:

Jedes andere Schriftbild ist keine CE-Kennzeichnung.

Die CE-Kennzeichnung wird grundsätzlich auf dem Typenschild[36] oder auf dem Produkt[37] aufgebracht.

Die Mindesthöhe beträgt 5 mm[38], kann aber bei sehr kleinen Produkten unterschritten werden. Näheres regeln die CE-Rechtsvorschriften.

Fragen und Antworten zur CE-Kennzeichnung

- **Was bedeutet „CE"?**
  Die einen sagen, CE stehe für „Communauté Européenne". Die anderen sagen, es stehe für nichts dergleichen, sondern sei lediglich eine Bildmarke. Sie dürfen wählen …
  CE bedeutet keinesfalls „Chinese Export", „Chinese Experience", „Chaos everywhere" oder „Certified for Europe".
- **Was sagt die CE-Kennzeichnung aus?**
  Mit der CE-Kennzeichnung erklärt der Hersteller, dass das Produkt den geltenden Anforderungen genügt, wie sie in den CE-Rechtsvorschriften über ihre Anbringung festgelegt sind.[39]

36 vgl. § 7 Abs. 3 ProdSG

37 vgl. z.B. Maschinenrichtlinie 2006/42/EG Anhang I Nr. 1.7.3 „Kennzeichnung der Maschinen" dritter Spiegelstrich

38 vgl. Verordnung (EG) 765/2008 über die Vorschriften für die Akkreditierung und Marktüberwachung im Zusammenhang mit der Vermarktung von Produkten

39 vgl.Verordnung (EG) Nr. 765/2008 über die Vorschriften für die Akkreditierung und Marktüberwachung im Zusammenhang mit der Vermarktung von Produkten

- **Für wen ist die CE-Kennzeichnung bestimmt?**
  Die CE-Kennzeichnung ist in erster Linie für die europäische Marktaufsicht und nationale Behörden bestimmt.
- **Wer bringt die CE-Kennzeichnung auf einem Produkt an?**
  der Hersteller eines Produkts oder dessen Bevollmächtigter
- **Sind Produkte, für die keine CE-Kennzeichnung erforderlich ist, qualitativ „schlechte" Produkte?**
  Nein. Die CE-Kennzeichnung sagt nichts über die Produktqualität aus. Die CE-Kennzeichnung bescheinigt lediglich die Übereinstimmung des Produkts mit Anforderungen aus CE-Rechtsvorschriften. Insofern kann ein Produkt ohne CE-Kennzeichnung ohne Weiteres qualitativ hochwertig sein – oder auch nicht. Das hat aber nichts mit der CE-Kennzeichnung zu tun.
- **Darf die CE-Kennzeichnung auf jedes Produkt aufgebracht werden?**
  Nein. Die CE-Kennzeichnung darf nur dann auf ein Produkt aufgebracht werden, wenn dieses vom Anwendungsbereich mindestens einer CE-Rechtsvorschrift erfasst wird, die eine CE-Kennzeichnung für das betreffende Produkt fordert.
  Daraus folgt im Umkehrschluss: Es ist verboten, Produkte mit einer CE-Kennzeichnung zu versehen, wenn diese Produkte nicht vom Anwendungsbereich europäischer Rechtsvorschriften mit CE-Kennzeichnung erfasst werden. Noch einmal in aller Deutlichkeit: Es ist verboten![40]
- **Wie viele CE-Kennzeichnungen werden auf einem Produkt angebracht?**
  Ein Produkt kann vom Anwendungsbereich mehrerer CE-Rechtsvorschriften erfasst werden. In diesem Fall wird nur eine CE-Kennzeichnung angebracht.
- **Sieht man der CE-Kennzeichnung an, welche europäische Richtlinie bzw. Verordnung dahintersteht?**
  Nein. Die CE-Kennzeichnung hat stets dasselbe Aussehen. Somit ist kein Rückschluss auf die zugrunde liegenden CE-Rechtsvorschriften möglich. Diesen Rückschluss lässt lediglich die EU-Konformitätserklärung zu.

40 vgl. § 7 Abs. 2 ProdSG

- **Ist für die CE-Kennzeichnung eine Mindestgröße vorgesehen?**
  Ja. Die Mindesthöhe beträgt 5 mm, kann aber bei sehr kleinen Produkten unterschritten werden. Näheres regeln die CE-Rechtsvorschriften.
- **In welcher Ausführung muss die CE-Kennzeichnung angebracht werden?**
  Dabei geht es um die Frage, ob die CE-Kennzeichnung ein Aufkleber sein darf oder z.B. auf einem Alublech aufgebracht sein muss.[41] Die CE-Kennzeichnung muss dauerhaft auf einem Produkt angebracht sein. Somit hängt die Ausführung von der bestimmungsgemäßen Verwendung ab. Auf einem Schaufelradbagger die CE-Kennzeichnung einfach nur aufzukleben erfüllt sicher nicht die Forderung nach Dauerhaftigkeit.
- **Wo muss das CE-Kennzeichen angebracht werden?**
  Grundsätzlich muss die CE-Kennzeichnung sichtbar, lesbar und dauerhaft auf dem Produkt oder seinem Typenschild angebracht sein.
- **Kann das CE-Kennzeichen Zusatzinformationen enthalten?**
  ja, die Kennnummer einer benannten Stelle (Notified Body) z.B., die die Baumusterprüfung zur Bewertung der Konformität zu dem betreffenden Produkt durchgeführt hat
- **Hat die CE-Kennzeichnung ein bestimmtes Aussehen?**
  Ja. Die CE-Kennzeichnung muss so aussehen:

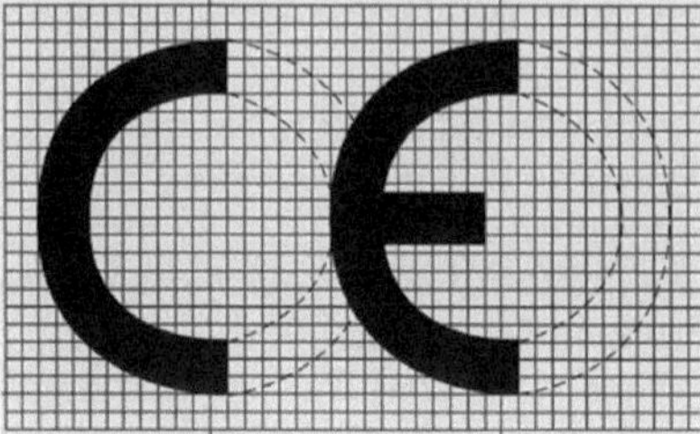

  Jedes andere Schriftbild ist keine CE-Kennzeichnung.
- **Darf die CE-Kennzeichnung Bestandteil des Typenschilds sein?**
  Ja. Das hätte außerdem den Vorteil, dass damit eine Forderung der Maschinenrichtlinie 2006/42/EG erfüllt wäre, die diese in

41 vgl. § 7 Abs. 3 ProdSG

Anhang III aufstellt: „Die CE-Kennzeichnung ist in unmittelbarer Nähe der Angabe des Herstellers oder seines Bevollmächtigten anzubringen und in der gleichen Technik wie sie auszuführen." Sie hätten also zwei Fliegen mit einer Klappe geschlagen: Typenschild (Angaben des Herstellers) und CE-Kennzeichnung sind in der gleichen Technik ausgeführt.

8 Der CE-Werkzeugkasten

Ordentliches Arbeiten erfordert ordentliches Werkzeug. Die nachfolgend aufgeführten Werkzeuge sind u.a. hilfreich bei der Umsetzung der CE-Kennzeichnung. Die Auflistung der Werkzeuge erhebt keinen Anspruch auf Vollständigkeit.

Europäische Union

- **Offizielle Website der Europäischen Union**
  Wissenswertes über die Europäische Union, deren Institutionen und Einrichtungen usw.
  http://europa.eu
- **Mitgliedstaaten der EU**
  Übersicht und Informationen zu den europäischen Mitgliedstaaten: Wer ist drin, wer ist raus und wer kommt eventuell rein?
  https://europa.eu/european-union/about-eu/countries_de
- **Amtssprachen der Europäischen Union**
  Übersicht über die Amtssprachen der EU und Begründung, weshalb z.B. CE-Rechtsvorschriften in fast alle Amtssprachen der EU übersetzt werden
  https://europa.eu/european-union/about-eu/eu-languages_de
- **Vertrag über die Arbeitsweise der Europäischen Union (AEUV)**
  In vielen europäischen Rechtsvorschriften, u.a. auch CE-Rechtsvorschriften, wird direkt oder indirekt Bezug auf den AEUV genommen.
  http://data.europa.eu/eli/treaty/tfeu_2012/oj
- **EUR-Lex:** Zugang zum EU-Recht
  Zugriff auf das Gemeinschaftsrecht, Verträge, internationale Abkommen usw.
  http://eur-lex.europa.eu/de/index.htm
- **N-Lex**
  N-Lex bietet zentralen Zugang zu den Rechtsdatenbanken in den einzelnen EU-Ländern. Extrem nützliche Quelle, um die nationalen Umsetzungen europäischer Rechtsvorschriften in anderen EU-Ländern zu ermitteln.
  https://n-lex.europa.eu/n-lex/
- **Amtsblatt der Europäischen Union**
  Amtliches Veröffentlichungsorgan der Europäischen Union für Rechtsvorschriften (Reihe L) sowie Mitteilungen und Bekanntmachungen (Reihe C – in dieser Reihe werden u.a. CE-Rechts-

vorschriften wie die Maschinenrichtlinie und Maschinenverordnung und Listen mit harmonisierten Normen veröffentlicht.)
https://eur-lex.europa.eu/oj/direct-access.html

- **EU-Rechtsvorschriften mit bzw. ohne CE-Kennzeichnungspflicht**
  Übersicht über europäische Rechtsvorschriften mit und ohne CE-Kennzeichnungspflicht
  kostenloser Download der Rechtsvorschriften und der dazugehörigen Leitfäden und Listen mit harmonisierten Normen
  https://single-market-economy.ec.europa.eu/single-market/european-standards/harmonised-standards_de
- **Europäische Normierungsinstitutionen**
  CEN/CENELEC: CEN (Comité Européen de Normalisation – Europäisches Kommitee für Normung) und CENELEC (Comité Européen de Normalisation Électrotechnique – Europäisches Kommitee für elektrotechnische Normung)
  www.cencenelec.eu
  ETSI (European Telecommunications Standards Institute – Europäisches Institut für Telekommunikationsnormen)
  www.etsi.org
- **Beschwerdestelle**
  Wenn Sie sich beschweren wollen, weil Ihrer Ansicht nach EU-Recht durch Behörden in den europäischen Mitgliedstaaten fehlerhaft angewandt wurde, wenden Sie sich an SOLVIT. Dies kann z.B. im Zusammenhang mit dem Marktzugang von Produkten der Fall sein.
  http://ec.europa.eu/solvit/site/index_de.htm
- **Benannte Stellen (Notified Bodies)**
  Viele der CE-Rechtsvorschriften fordern im Zusammenhang mit der Konformitätsbewertung die Einschaltung einer benannten Stelle.
  Finden Sie heraus, welche benannte Stelle Sie bei Bedarf einschalten.
  https://webgate.ec.europa.eu/single-market-compliance-space/#/notified-bodies
- **Europäische Marktaufsichtsbehörde**
  Portal der europäischen Marktaufsichtsbehörden
  Finden Sie heraus, an welche Marktaufsichtsbehörde Sie sich bei Fragen zur CE-Kennzeichnung wenden können.
  https://webgate.ec.europa.eu/icsms/?locale=de

- **Blue Guide**
  Der Blue Guide ist **das** Standardwerk mit Informationen zu CE-Rechtsvorschriften. Der offizielle Titel ist etwas sperrig: Leitfaden für die Umsetzung der Produktvorschriften der EU 2022 („Blue Guide"). Die Bezeichnung „Blue Guide" leitet sich von seiner in blauer Farbe gestalteten Titelseite der ersten Ausgabe ab.
  https://tinyurl.com/mrxmsevw
- **CE-Kennzeichnung**
  Informationen zum CE-Kennzeichen mit Downloadmöglichkeit in unterschiedlichen Dateiformaten
  https://ec.europa.eu/growth/single-market/ce-marking_de
- **Safety Gate**
  Das Safety Gate wendet sich an Verbraucher und listet gefährliche Verbraucherprodukte auf. Interessanterweise kennen viele Verbraucher dieses Portal nicht. Riskieren Sie gerne einen Blick. Denn auch hier gilt: Es ist keine gute Werbung, wenn Ihre Produkte bei RAPEX gelistet werden.
  https://ec.europa.eu/safety-gate
- **Gesetze im Internet** *Deutschland*
  Hier finden Sie fast alle deutschen Rechtsvorschriften zum kostenlosen Download, einschließlich der nationalen Umsetzungen der CE-Rechtsvorschriften.
  www.gesetze-im-internet.de
  Bundesgesetzblatt (BGBl.) – Verkündungsorgan der Bundesrepublik Deutschland
  www.bgbl.de

Maschinenverordnung

Die Praxislösung für den CE-Prozess nach der Maschinenverordnung (EU) 2023/1230 und der Maschinenrichtlinie 2006/42/EG. Sie erhalten neben den aktuellen Vorschriften auch Antworten und Praxiskommentare zur MVO und MRL sowie Muster, Checklisten und Arbeitshilfen.

DVD-Version – zzgl. Updates nach Bedarf
Best.-Nr. CD6405

219 Euro
zzgl. Versand und MwSt.

Inhärent sichere Konstruktion

Von Anfang an sicher konstruieren: Nur mit inhärent sicherer Konstruktion können Sie wirksame Maßnahmen zu einer Risikominderung finden und umsetzen.

Fachbuch mit DVD – zzgl. Updates nach Bedarf
Best.-Nr. CD4477

139 Euro
zzgl. Versand und MwSt.

Risikobeurteilungen für Maschinen

Eine exklusive, von CE-Experten entwickelte Sammlung: Hier erhalten Sie über 40 Muster-Risikobeurteilungen für unterschiedlichste Maschinenarten. Von unseren Experten extra für Sie erstellt! So sehen Sie, wie die Risikobeurteilungen nach aktuellen Anforderungen der DIN EN ISO 12100 korrekt aussehen.

DVD-Version – zzgl. Updates nach Bedarf
Best.-Nr. CD6976

379 Euro
zzgl. Versand und MwSt.

shop.weka.de/produktsicherheit